電子機器部品の腐食・防食Q&A

第2版

腐食防食学会 編

丸善出版

序　　文

ICT/IoT社会では，センサから携帯端末や通信機器，サーバや制御機器，ストレージ，家電機器までさまざまな電子機器が使われている．これらの電子機器の腐食障害は稀にしか発生しないが一度発生すると原因究明や対策に多大な費用と時間を要し，社会経済に影響を及ぼすことがある．電子機器を取り巻く環境は，環境保護のためのグリーン調達の推進，利便性や快適性のための小型軽量化への要求による新規構造の採用，グローバル化のため実績のない国・地域での生産や稼動機会の増大など，大きく変わりつつある．このような環境の変化に伴い，これまで想定し得なかった腐食障害が発生している．また過去の腐食障害について情報共有が不十分なため，想定し得る腐食障害も再発している．電子機器・部品の腐食対策などの業務に携わっている者にとって，従来からの腐食問題に加えて新たな腐食問題を迅速かつ的確に解決することが求められている．

『電子機器部品の腐食・防食Q＆A』（初版）は，丸善から出版されている腐食防食学会編Q＆Aシリーズのうち電子機器部品の腐食に関する実践的な啓蒙書として2006年に発刊された．電子機器部品の腐食研究の礎を築かれた方々の執筆によるバイブルといえる書籍である．今回の改訂版では，いまだに腐食障害が発生している典型的な事例を残したうえで新たに注目されてきた事例を追加し，この一冊で大概の腐食事例を網羅した内容となっている．

本書は初版にならい7章で構成されている．各章のはじめにその章の内容を解説して，解説内容とその後に続くQ＆Aとの関連を明確にした．1章と2章では，読者にとって興味のあるさまざまな電子機器部品での腐食事例を取り上げた．環境規制により新規に採用された材料に起因した事例が追加されている．3章では，電子機器部品の腐食に及ぼす環境因子の影響について解説した．グローバル化に対応して海外のさまざまな環境での腐食問題にも対応できる内容となっている．4章では，電子機器部品に特有な腐食形態による事例を中心に取り上げた．従来からある腐食形態に加え，新たに問題となった腐食形態までさまざまな事例を取り上げた．5 章では，さまざまな新規採用材料や構造に適用できる加速試験や腐食評価の方法を解説した．6 章では，電子機器を長期にわたり安定して稼動させるための防食設計について解説した．7 章では，電子機器部品の腐食挙動を理解するための電気化学の基礎について解説した．

本書は，読者が知りたい情報を 1 ページにまとめて Q & A 方式をとっているため，どこから読み始めてもよい．できれば本書を全章通して読み，電子機器部品の腐食問題を体系的に理解することを薦める．また読者が所属する機関で腐食技術の伝承に活用するのもよい．いずれにしても，本書を防食設計や腐食障害対策に活用して，担当されている電子機器部品の腐食によるロスコストの低減に繋がることを期待する．

令和元年 7 月

編集責任者

南　谷　林太郎

執筆者一覧

監修者	酒井 潤一	早稲田大学
編集責任者	南谷 林太郎	株式会社日立製作所
執筆者	石川 雄一	元横浜国立大学
	井上 紘子	株式会社村田製作所
	島村 亮	矢崎総業株式会社
	龍岡 照久	東京電力ホールディングス株式会社
	中山 茂吉	住友電気工業株式会社
	原口 智	東芝インフラシステムズ株式会社
	平本 抽	ソニー株式会社
	藤原 芳明	JFE テクノリサーチ株式会社
	南谷 林太郎	株式会社日立製作所
	吉田 賢介	富士通クオリティ・ラボ株式会社
	渡辺 正満	日本電信電話株式会社

初版執筆者

明石 正恒	瀬尾 眞浩	古谷 修一
石川 雄一	滝澤 貴久男	南谷 林太郎
磯野 誠昭	西方 篤	宮田 恵守
尾崎 敏範	原口 智	
酒井 潤一	平本 抽	

（令和元年 7 月現在，五十音順，敬称略）

目　次

1 電子部品材料における腐食の実際

電子機器内に搭載される電子部品は，機器がたどる製造～保管～輸送～使用～廃棄という生涯の中で，さまざまな環境にさらされることで劣化する．また他の電子部品材料との組合せで，その劣化が加速される場合もある．金属材料の腐食問題はその最たるものである．表 1.1[1] に，電子部品に使用される主な金属材料の腐食モードとその対策法を示す．

電子部品の場合，たとえば構造物や建築物などで見られる腐食よりも，はるかに微量の腐食が問題となることが特徴である．また，外観不良などの軽微な不良症状としてよりも，電子機器の性能や機能を損なう重大な不良症状に繋がる場合が多い．たと

表 1.1　電子部品に使用される主な金属材料の腐食モードとその対策法［文献 1）表 1 を改変］

材　料	腐食モード	対策法
銅，銅合金	・内部残留応力や外部応力と化学的な腐食との相乗効果による応力腐食割れ	・焼鈍による応力除去 ・アンモニアガス発生源の除去
	・原子拡散による接点圧力のクリープ	—
金めっき	・ピンホールによる下地金属の腐食	・めっき厚 2 μm 以上 ・封孔処理 ・潤滑剤塗布
	・挿抜や摺動により露出した下地金属の腐食	・微量（約 1%）の Co や Ni を共析させた硬質金めっき ・低接触圧
銀めっき	・大気中の硫化水素（H_2S）などによる硫化	・密閉構造化によるガスの侵入防止 ・潤滑剤塗布 ・高接触圧 + 摺動構造化
	・ゴム部品などからの放出ガスによる硫化	・ガス発生源の除去 （無硫黄加硫ゴムの利用など）
すずめっき	・大気中の酸素による酸化	・高接触圧 ・接点形状の鋭角化
	・振動，衝撃による微摺動摩耗不良	
	・ウィスカ（針状結晶）の生成	・熱処理による応力緩和 ・Pb の添加（5%以上）　※ 現在は不可
ニッケルめっき	・大気中の酸素による酸化（環境によっては塩化物，硫酸塩なども生成）	・高接触圧 + 摺動構造化
	・振動，衝撃による微摺動摩耗不良	・高接触圧 ・接点形状の鋭角化
導電性ゴム	・キートップからの油分（手油など）の侵入	・耐油層の挿入 ・導電性ゴム厚 80 μm 以上 ・キートップへのカバー，キャップ
異種金属	・標準電極電位の違いによる局部電池の形成	・同種金属での接触

えば接点材料の腐食に起因して生じる接触部品の導通不良は，“動作せず”など電子機器にとって致命的な不良を引き起こす．接点めっきとしては一般的に耐食性の高い金や銀など貴金属めっきが使用されるが，摩耗（Q5）やピンホールによる腐食，硫化水素（H_2S）による銀や銅の硫化（Q1，Q2），ガルバニック腐食（Q7）など実際にはさまざまな形態で腐食が起きている．

電子部品を腐食させる最大要因は水分の存在である．電子機器，とくに携帯機器では屋外での使用や温度変化のある空間への移動があるため，比較的結露が生じやすい．このような環境にさらされた電子部品では腐食が起こりやすいため，密閉構造化や材料変更などの対応が必要となる．また，電子機器・部品では保管や輸送の際にもわずかな水分の浸入によって腐食が起こるため，防錆剤や乾燥剤の使用や梱包材料の工夫などが必要となる（Q4）．製造工程ではフラックス残さやレジスト欠陥などが腐食を誘発することもあるので，材料の選定や正しい判定基準が重要である．

環境への配慮として，電子機器では省電力化が進んでおり，従来よりも低い電圧・電流で使用される電子部品が増加している．また，RoHS*などの環境規制に伴う材料変更で顕在化した事例として，プリント配線板の表面処理として使用されている置換銀めっきの硫化腐食（Q3），電気接続材料としてはんだに代わり使用されている導電性接着剤の腐食（Q8），難燃剤として使用されている赤りんによるエレクトロケミカルマイグレーション（Q10），難燃剤由来の臭素による金ワイヤボンディング接合部の腐食（Q11）などがある．

以上のように電子部品材料は種々の腐食問題を抱えている．一方で電子機器では年々コストダウン競争が激しくなってきており，電子部品やその材料のコストもできるだけ抑制しなければならないという現実がある．腐食対策のコストも抑制される中で，いかに腐食問題を解決するかがエンジニアの腕のみせどころである．

---

* RoHS：restriction of the use of certain hazardous substances in electrical and electronic equipment（電気電子機器に含まれる特定有害物質の使用制限）．欧州議会及び理事会指令．

銀は導電性や耐食性に優れている金属で，電子部品材料として広く用いられているため，電子部品で銀の腐食に起因した機能障害はほとんど起こらない．

銀は金属の中で最も高い電気伝導率を有するため，電子部品材料として広く用いられている．図 1.1[2] に示す Ag-S-Cl-CO_2-H_2O 系の電位 - pH 図から明らかなように，極めて広い pH 範囲で銀，硫化銀（Ag_2S），塩化銀（AgCl）が安定である．銀の安定域が広いことから，銀は一般的に耐食性に優れた金属として取り扱われる．ただし，硫化水素（H_2S），硫化カルボニル（COS）など還元性硫黄が存在する環境，さらに，塩素（Cl_2），二酸化窒素（NO_2），オゾン（O_3）など酸化剤が共存する環境では腐食が促進される．還元性硫黄は火山や温泉，下水処理施設や石油精製施設のほか，ゴムや接着剤などが発生源として知られている．

銀の特徴的な腐食形態としてはエレクトロケミカルマイグレーション（ECM）（図 1.2[3]，Q34 ～ Q37），硫化銀が針状（図 1.3（a））または樹枝状（図 1.3（b））に成長する硫化銀ウィスカ（図 1.3[4]，Q42）がある．

腐食対策としては外部から腐食性ガスが侵入しない密閉構造にすること（Q12），腐食性ガスが侵入しても電子部品に接触しないようコーティング材を塗布すること（Q60），腐食性ガスを除去するフィルタを設置すること（Q63）が有効である．腐食性のアウトガスが発生しない材料を採用すること（Q25）も重要である．

【A：誤り】

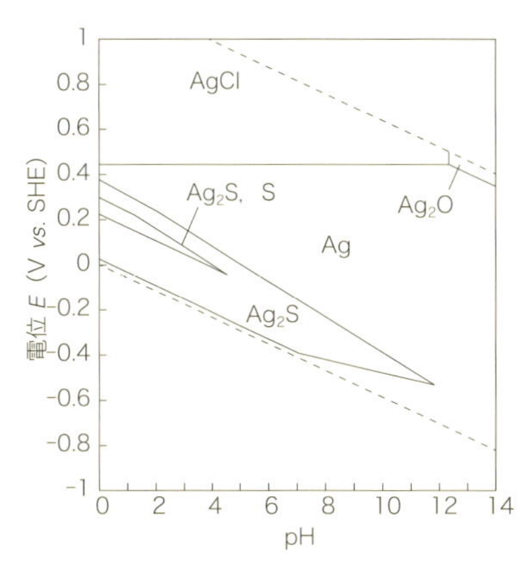

図 1.1　銀（Ag-S-Cl-CO_2-H_2O 系）の電位-pH 図［文献 2）図 5 を改変］
（Ag：10^{-6} mol L^{-1}，S：10^{-1} mol L^{-1}，Cl：5 ×10^{-2} mol L^{-1}，C：10^{-2} mol L^{-1}，298 K，SHE：標準水素電極）

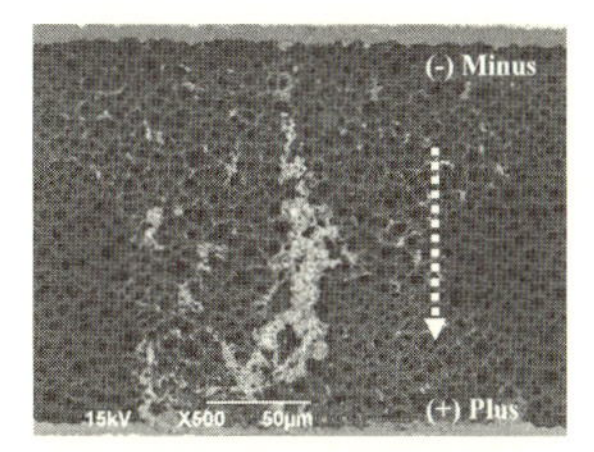

図 1.2　銀のエレクトロケミカルマイグレーション[3]

図 1.3　硫化銀ウィスカ（飽和硫黄蒸気，40℃）[4]

Q2 銅は一般的には腐食しにくい金属に分類されるが，大気環境中で酸化するため，電子部品では銅の酸化による機能障害に注意する．

銅は銀についで高い電気伝導率を有するため，電子部品でばねや接点，プリント配線板の導体材料として広く用いられている．図 1.4[5] に Cu-S-H_2O 系の電位-pH 図を示す．大気環境における銀の腐食生成物が主として硫化物である（Q1）のに対し，銅では酸化物と硫化物の両方が生成される．さらに二酸化硫黄（SO_2）が共存する環境では塩基性硫酸銅（$Cu_4SO_4(OH)_6 \cdot H_2O$ など）も生成される．

このように銅は通常の大気環境でも酸化するため，銅が露出しているプリント配線板のランド（はんだ付けのための銅めっきパターン）やビアホール（多層基板の層間接続のための銅めっきされた穴）では酸化膜形成によりはんだ濡れ性が低下することがある（はんだ濡れ性低下は電子部品との電気的な接続不良の原因となる）．通常では，ランドやビアホール表面はあらかじめはんだめっきやプリフラックスで被覆されているため，プリント配線板で銅の酸化が問題になることは少ない．

酸化以外の銅の腐食形態としては，金めっきのピンホールやエッジなど母材の銅が露出している箇所で腐食生成物が這い上がり拡がる硫化銅クリープ（図 1.5[6]，Q38）や，エレクトロケミカルマイグレーション（図 1.6[7]，Q34 ～ Q37）がある．銅の腐食対策としては，銀と同様の対策（密閉構造化，コーティング材の塗布，フィルタの設置）が有効である．

【A：正しい，ただし他の腐食形態による障害にも注意する】

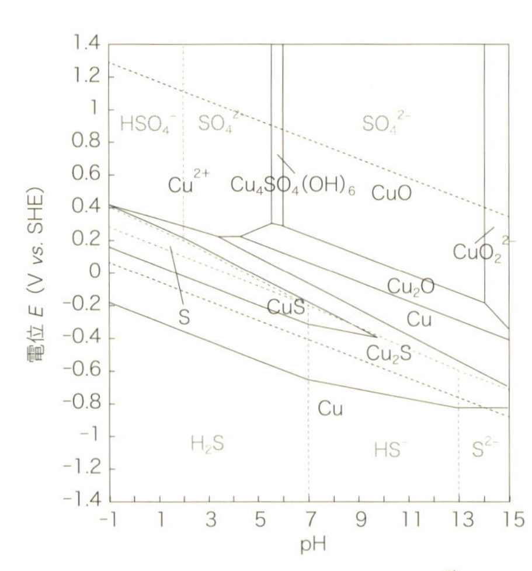

図 1.4　銅（Cu-S-H_2O 系）の電位-pH 図[5]
（Cu：10^{-4} mol L^{-1}，S：10^{-2} mol L^{-1}，298 K，SHE：標準水素電極）

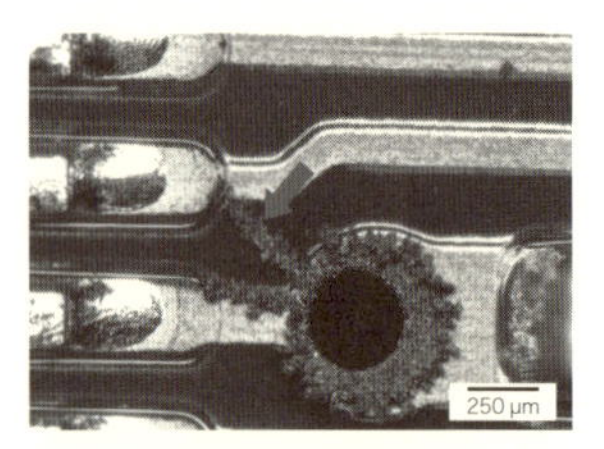

図 1.5　プリント配線板で発生した硫化銅クリープ[6]

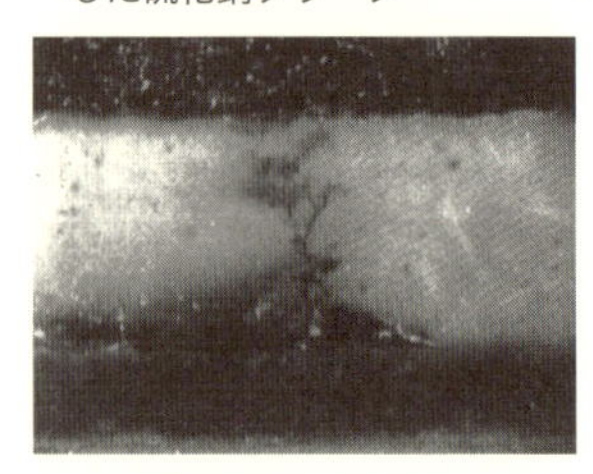

図 1.6　銅のエレクトロケミカルマイグレーション[7]

Q3 銅配線の表面処理に置換銀めっき（immersion silver：ImAg）を施したプリント配線板では，プリント配線板の保管時に ImAg 表面が変色して（はんだの濡れ性が低下して），製造不良が発生することがある．

置換銀めっき（ImAg）は，RoHS 規制により例外を除き使用不可となった有鉛はんだレベリング（hot air solder levelling：HASL）に代わる表面処理の一つである．ImAg 処理は無電解ニッケルめっき / 置換金めっき（electroless nickel immersion gold：ENIG）など他の表面処理と比較して，量産性（比較的低コスト），はんだ濡れ性，ワイヤボンディング接合性に優れている[8)]．

ImAg は無電解銀めっきの一種である．無電解銀めっきには還元型と置換型があり，還元型はめっき液を安定して制御することが難しく選択性にも欠けるため，工業的に適用される例は限られている．一方，置換型は還元剤を使用しないため安定性に優れ，めっきの選択性にも優れている．置換型である ImAg 処理では式(1.1)，(1.2）のように下地金属である銅が溶解して電子を放出し，その電子を銀イオンが受け取ることで銀が析出する[9)]．

$$Cu = Cu^{2+} + 2\,e^{-} \tag{1.1}$$

$$2\,Ag^{+} + 2\,e^{-} = 2\,Ag \tag{1.2}$$

プリント配線板に ImAg 処理を施すことで，保管時に銅が露出しているランド（はんだ付けのための銅めっきパターン）やビアホール（多層基板の層間接続のための銅めっきされた穴）など銅配線が酸化変色することを防止できる．ただし，硫化水素（H_2S）が存在する製造工場にプリント配線板を長期間保管した場合，ImAg 処理したランドやビアホールの硫化変色によりはんだ濡れ性が低下して製造不良が発生することがある．H_2S 濃度が高い環境でプリント配線板を保管する場合は，密閉梱包など保管時の防食対策が必要である．

また，H_2S 濃度が高い上に相対湿度も高い環境では，ImAg 処理したプリント配線板のビアホール内面やランド外周など銀めっきが薄く銅配線が露出している箇所で，硫化銅クリープ（Q38）による短絡障害が発生する[8)]．ImAg を採用する場合は銀表面の変色と併せて，硫化銅クリープにも注意する必要がある．

ImAg の変色や硫化銅クリープの防止策として，自己組織化単分子膜*が検討されている[8)]．この単分子膜は防食性があることに加えて，耐熱性が高く複数回のリフローにも耐える上，はんだ濡れ性や接触抵抗に影響を及ぼさないという特徴がある．

【A：正しい，ただし他の腐食形態による障害にも注意する】

＊　自己組織化単分子膜：自律的に秩序のある構造をつくり出す現象（自己組織化）により形成された単分子膜．

Q4 湿潤な作業室中で銅合金リードフレームを重ねて梱包したところ，梱包後2～3日で重なり部分に紫色～黒色の変色（あんこ変色）が発生した．

銅合金リードフレームを重ねた状態で高湿環境中に保管した場合，最外層のリードフレームはある程度金属光沢を保っているものの，内層のリードフレームでは重ねて梱包されたため微小な隙間が形成され，そこが優先的に腐食変色することがある（図1.7）[10]．この変色は“あんこ変色”とよばれ，隙間内に結露した微小水滴により2～3日の短期間で発生する．変色層は銅酸化物のみで，厚さが20～50 nm程度であることが特徴である[10]．

隙間内における結露は，ケルビンの毛管凝縮の式(1.3)で説明される[11]．

$$\ln(P/P_0) = -2\gamma V/\rho RT \tag{1.3}$$

ここで，Pは平衡蒸気圧，P_0は飽和蒸気圧である．なお，P/P_0は毛管凝縮を起こすときの周囲雰囲気の相対湿度を意味する．また，γは水の表面張力，Vは水のモル体積，ρは毛管（隙間）の曲率半径，Rは気体定数，Tは絶対温度である．式(1.3)により算出した毛管凝縮に及ぼす隙間の大きさの影響（20℃）を図1.8に示す．隙間が狭くなるにつれて，隙間内凝縮時の周囲雰囲気の相対湿度は低くなる．なお，実験的にも2 nmϕの円筒型細孔内で毛管凝縮を起こすときの周囲雰囲気の相対湿度は60％であることが報告されている[11]．

あんこ変色の防止対策は，微小隙間のある銅製品に対して短期間といえども部品の製造・梱包・運搬など全工程で隙間内に結露が生じないよう，周囲雰囲気の相対湿度を低く保つことである．また，夏季の冷房使用時や冬季の暖房停止時など，温度低下に伴い相対湿度が上昇して結露しやすくなる環境（Q13）にも注意する必要がある．銅表面に防錆剤（benzotriazole：BTA）を塗布することも変色防止に有効である[12]．

【A：正しい】

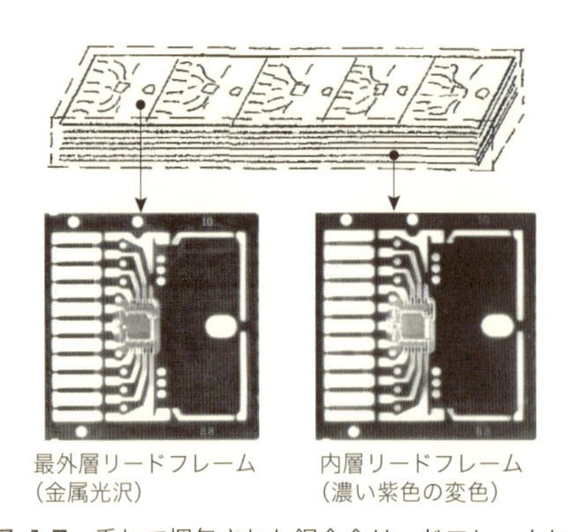

図 1.7　重ねて梱包された銅合金リードフレームにおける変色状況［文献10）p.188 図4を改変］

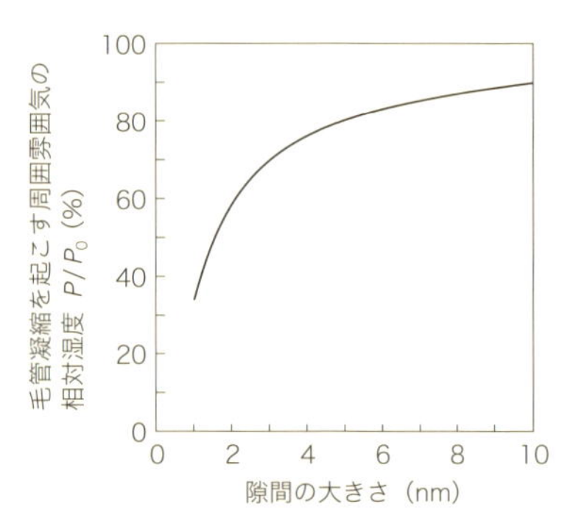

図 1.8　毛管凝縮を起こすときの周囲雰囲気の相対湿度に及ぼす隙間の大きさの影響（20℃）

Q5 USB メモリや SD カードなど，日常的に挿抜や摺動が繰り返される接点に金めっきを用いる場合，信頼性を向上させるため接点圧が高くなるように設計すべきである．

非常に軟らかい金属である金を接点材料として用いた場合，比較的接点圧が低いと，金めっき自体が潤滑剤のような働きをするため摩耗しにくい．しかし，接点圧がある値以上に高くなると，軟らかい性質が裏目に出て金めっきが削られやすくなる．日常的に挿抜や摺動が繰り返される金めっき接点では，接点圧が高い状態で使用されていると徐々に金めっきが削られて下地金属（ニッケルや銅）が露出し，その露出部で下地金属の腐食生成物が生成される（図 1.9 は実環境暴露後，図 1.10[13] は摺動試験後の金めっき接点の電子顕微鏡（SEM）写真）．とくに摺動端においては，堆積した腐食生成物に接点が乗り上げて接触不良を引き起こすことがある．

もっとも，接点圧を低くしすぎた状態で使用すると，異物の挟み込みなどの不具合が生じることがある．次の (1)～(3) の項目の評価により，適切な接点圧を見つけて設計すべきである．

(1)　実使用での挿抜回数または摺動回数を予測し，それに準じた挿抜試験または摺動試験を行う．

(2)　挿抜試験または摺動試験後の試料に対して，腐食促進試験（混合ガス腐食試験や高温高湿試験）を行う．

(3)　腐食促進試験前後での接触抵抗値の変化を測定し，許容値（動作に影響がない値，Q55）以下であることを確認する．

なお封孔処理を施した金めっきでも摺動が繰り返されると，封孔処理剤（絶縁性有機膜）が摺動端に堆積して，接触不良を引き起こすことがあり注意を要する（Q62）．

【A：誤り】

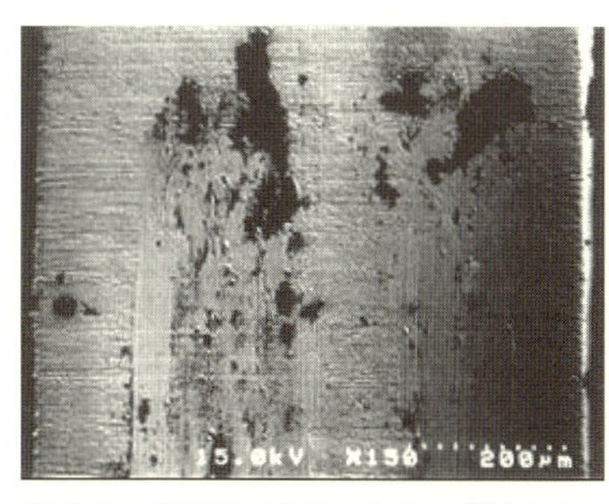

図 1.9　実環境暴露後の金めっき接点の SEM 写真

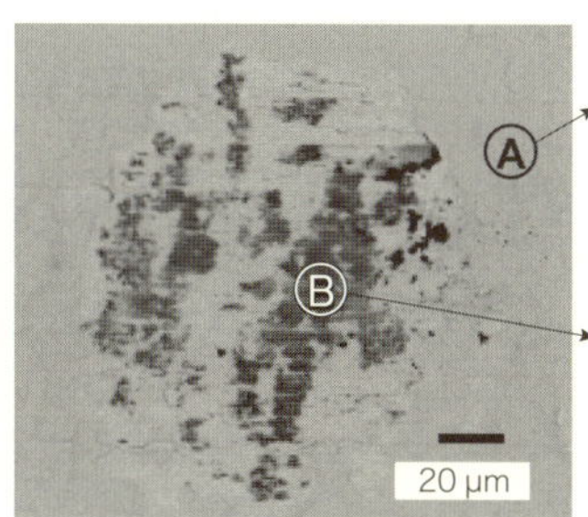

図 1.10　摺動試験（摺動回数 50 回）後の金めっき接点の SEM 写真［文献 13）図 5 を改変］

（いずれの図でも黒色部が堆積した下地金属の腐食生成物）

Q6 自動車の故障は人命に関わることが懸念されるため，電装品のすべての接点に最も信頼性の高い金めっきを採用している．

自動車電装品の接点には金めっきのほかに，すずめっきやはんだめっき，ニッケルめっきなどが用いられる．これらのめっきは，接点部分を腐食環境から保護し電気的な接続を良好に保つことを目的としている．

めっきの種類は回路の電流値，接点の種類や形状，接点圧力，使用される環境（温湿度，振動など）によって異なる．バッテリー端子など大きな電流が流れる端子では，めっきを行わない場合が多い．また信号系の配線ではすずめっき（電気めっき，リフローめっき，溶融めっき）が一般的であるが，人命に関わる重要部品にはニッケルめっきを下地にした金めっきが採用される場合がある．表 1.2[14] に金めっきとすずめっきの使い分けを示す．

金めっきはあらゆる環境下で耐食性に優れるが，処理費が高いため通常 0.1 ～ 0.3 μm 程度と薄い．このためめっきに生じるピンホールでの腐食（H6）を抑制するため，封孔処理などが施されている（Q62）．すずめっきは金と比べ廉価であるが，高温で銅との金属間化合物の成長に伴い早期にすず層が消滅するため，常時高温にさらされる環境での使用を避けるべきである．また微摺動摩耗（Q43）の懸念もあるので，接点部が振動しないようなコネクタ構造を採用する必要がある．

【A：誤り】

表 1.2　金めっきとすずめっきの使い分け［文献 14）表 6 を改変］

項　目	金めっきが必要	金 / すずめっきどちらでも可	すずめっきで可	めっきなし
コンタクト面に垂直な接触力（g）	0 ～ 30	30 ～ 100	100 ～ 1000	1000 ～
挿入力（g/ コンタクト）	0 ～ 100	100 ～ 200	200 ～ 2000	2000 ～
接続の際のワイピング（セルフクリーニング）	な　し	若干またはなし	あ　り	
挿入 / 引抜き回数（回）	100 ～	10 ～ 100	0 ～ 10	
電圧（V）	0 ～ 1	1 ～ 30	30 ～	100 ～
電流（A）	0 ～ 1	1 ～ 10	10 ～	0.1 ～

Q7 IC ソケットと IC リードの接続に金 / 金対向接点を使用していたが，低コスト化のため片方の接点材をすずめっきに変更した．金めっきもすずめっきも接点材としてよく用いられるため，すず / 金対向接点を用いても腐食による障害は発生しない．

すず（Sn）や金（Au）は一般によく用いられている接点めっき材である（Q6）．Sn めっきは Au めっきよりも低価格で，接触抵抗特性に優れる．IC ソケットと IC リードの相対する接点のめっき材質を Sn / Sn，Sn / Au，Au / Au の 3 種類の組合せとし，嵌合した接点の信頼性を比較した例を図 1.11[15] に示す．なお，Au めっきにはニッケル下地めっきが施されている．それぞれの対を嵌合した状態でスクリーニング試験環境（SO_2：10 ppm，80％ RH）に暴露した後，接触抵抗値を測定した．その結果 Sn / Sn または Au / Au の対向接点では接触抵抗値がほとんど変化しないのに対して，Sn / Au の対向接点では接触抵抗値が増大した[15]．

標準電極電位の異なる金属が水膜（電解質）を介して接している場合，電位的に卑な箇所がアノード，電位的に貴な箇所がカソードとなり局部電池が形成される．その結果，電位的に卑な金属の腐食が促進される．これを“ガルバニック腐食”とよぶ．表 1.3[16] に，電子部品に使用される代表的な金属の標準電極電位を示す（Q69）．Sn と Au では 1.66 V の電位差があり，ガルバニック腐食が起きやすいことがわかる．

以上のように，金や銀などの貴金属めっきさえ使用していれば，接点の特性が向上するとは限らない．嵌合した接点材料の組合せを考慮する必要がある．

【A：誤り】

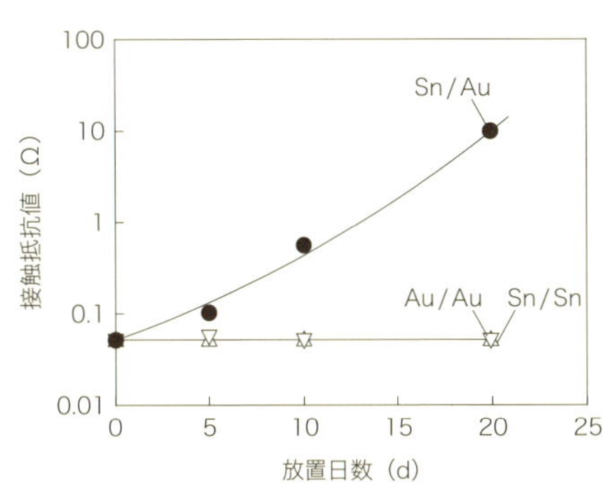

図 1.11　IC ソケット / リードの嵌合試験結果
［文献 15）p.837 図 3 を改変］

表 1.3　代表的な金属の標準電極電位
（25℃，V *vs.* SHE：標準水素電極）[16]

金属イオン	標準電極電位（V *vs.* SHE）
Au^{3+}/Au	1.52
Ag^{+}/Ag	0.80
Cu^{2+}/Cu	0.34
(H^{+}/H)	(0.00)
Pb^{2+}/Pb	−0.13
Sn^{2+}/Sn	−0.14
Ni^{2+}/Ni	−0.26
Zn^{2+}/Zn	−0.76
Al^{3+}/Al	−1.68

Q8 はんだに代わる電気接続材料として，導電性接着剤を使用することになった．すず系はんだめっき処理したプリント配線板をそのまま使用しても問題ない．

銀粒子とエポキシ系接着剤の組合せからなる等方性導電性接着剤（isotropic conductive adhesive：ICA）は，はんだの代替材として用いられることがある．はんだに比べて低温接続が可能であり，高温（150℃）での長期安定性とリフロー耐熱性（250℃）を兼ね備えているため[17]，LED，センサデバイス，車載機器など幅広く使用されている．ただし，すず系はんだめっき処理したプリント配線板やすずめっき端子などすずと導電性接着剤との組合せでは，高温環境や高湿環境で電気的特性が著しく劣化することがある[17]．

高温環境ではすず-導電性接着剤との界面近傍で，すずが導電性接着剤の銀粒子へ一方向に拡散する．これにより生じたすずの欠乏層は，界面の接着強度を低下させ，界面はく離の起点となる[17]．

一方，高湿環境では導電性接着剤のエポキシ樹脂が吸湿して，すずめっきと樹脂中の銀粒子とが接触している箇所にも水膜が形成される．その結果，電位的に貴な銀がカソード，電位的に卑なすずがアノードになり，ガルバニック腐食によりすずの腐食が促進されることがある（図 1.12）[18]．

対策は導電性接着剤とすずを直接接触させないこと，すなわちプリント配線板の表面処理をすず系はんだめっきから金めっきに変更することが有効である．

【A：誤り】

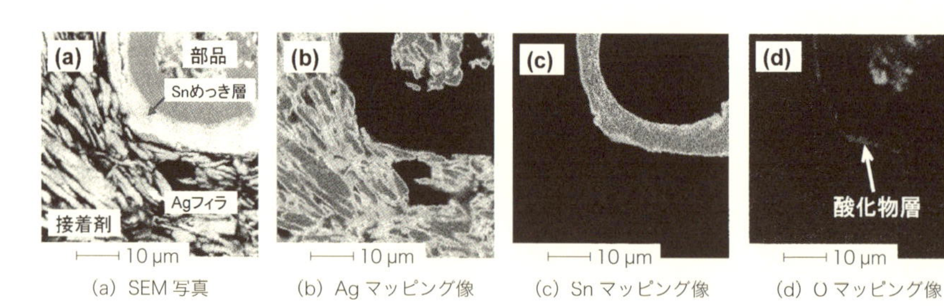

図 1.12 高温高湿試験後の環境での導電性接着剤-すずめっき接合界面の SEM 写真と EPMA（電子プローブマイクロアナライザー）像（導電性接着剤-すずめっき接合界面に酸化物が生成している）
［文献 18）p.235 図 10 を改変］

Q9 塩化ビニルケーブルから EM＊1（eco material）ケーブルに切り替えたところケーブル表面にべたつきが発生したため，腐食要因になると考えべたつきを拭き取ることにした．

環境への影響を考慮してリサイクルしやすく，鉛やハロゲンを含まない材料で構成された EM ケーブルの使用が拡大しつつある．EM ケーブルは臭素など環境負荷物質を含まないため，基本的には RoHS 対応品である．

EM ケーブルのシース（被覆）には，一般的に難燃剤として水酸化アルミニウム（$Al(OH)_3$）や水酸化マグネシウム（$Mg(OH)_2$）など金属水酸化物が添加されている．このうち添加されている金属水酸化物からマグネシウム塩が生成されているシースでは，シース表面に一部露出しているマグネシウム塩が高湿環境で潮解＊2 して，表面がべたついたり濡れたりすることがある．このべたつきや濡れ（マグネシウムイオンを含む水膜）は，乾燥する際に大気中の二酸化炭素（CO_2）や硫黄酸化物（SO_x）などと反応して，炭酸マグネシウム（$MgCO_3$）や硫酸マグネシウム（$MgSO_4$）などの結晶を生成する（図 1.13）[20]．さらに硫酸マグネシウムなどの潮解性物質では，乾燥して一度結晶化した後でも高湿環境にさらされると再度潮解するため，シース表面がべたついたり濡れたりすることもある[19]．

シース表面だけがべたついている場合は，電線性能に直接影響しない．しかし潮解した金属塩がシース表面から端部の導体露出部や金属接続部に移行すると，短絡や地絡，または金属部の腐食の原因となる．このため，シース表面のべたつきであっても拭き取る必要がある．とくに高湿環境で使用するケーブルには，べたつきが発生しない難燃剤（水酸化アルミニウム）を選択することが重要である．

【A：正しい】

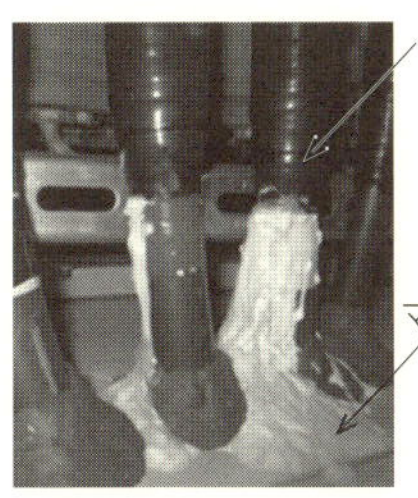

図 1.13　ケーブルシースから析出したマグネシウム塩（白色の生成物）
［文献 20）図 1 を改変］

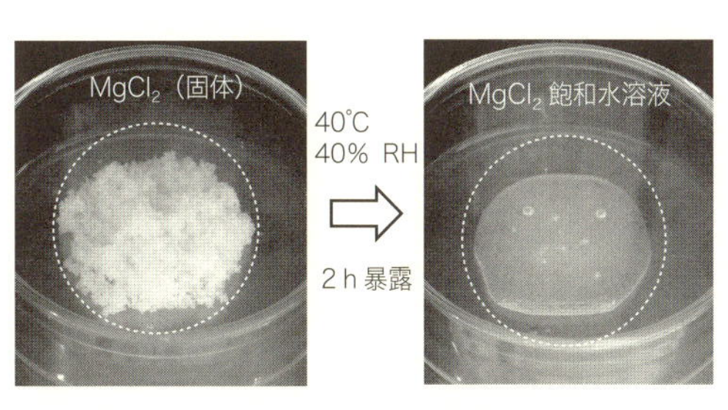

図 1.14　マグネシウム塩が潮解するようす

＊1　EM（eco material）は日本電線工業会で採用した統一的な記号[19]．
＊2　潮解：塩が大気中の水分を吸収して飽和水溶液となる現象（図 1.14）．

Q10 AC アダプタの DC プラグで，エレクトロケミカルマイグレーション（ECM）による事故が発生した．ECM は温湿度や電圧などの環境要因で加速される現象であるので，プラグ絶縁材など構成材料の成分に影響されない．

電子機器の筐体，基板，封止材，絶縁材に使用されている絶縁樹脂には，UL 規格（Underwriters Laboratories：米国保険業者安全試験所により策定されている規格）などの難燃性基準を満足させるために難燃剤が添加されている．RoHS（電気電子機器に含まれる特定有害物質の使用制限）などの環境規制の対象であるハロゲン系難燃剤の代替難燃剤の一つに赤りんが挙げられる．AC アダプタの DC プラグの絶縁材にも一部赤りん難燃剤が使われている．

燃焼時には赤りんと大気中の酸素や水分との反応でりん酸が生成し，りん酸と燃焼により生成する炭との混合膜が酸素を遮断して難燃性が発揮される．ただし通常時（非燃焼時）には酸素や水分との反応が進行しないよう，赤りんは水酸化アルミニウム（$Al(OH)_3$）などにより被覆された状態（外気雰囲気から遮断された状態）で樹脂に添加されている．$Al(OH)_3$ 被覆のない赤りんや $Al(OH)_3$ 被覆に欠陥のある赤りんが樹脂に添加されていると，通常時でも式(1.4)～(1.6) に示すりん酸生成反応が起こり，りん酸が発生してしまう（https://www.nite.go.jp/data/000088111.pdf）．

$$4P\text{（赤りん）} + 5O_2 \longrightarrow P_4O_{10} \tag{1.4}$$

$$P_4O_{10} + 2H_2O \longrightarrow 4HPO_3 \tag{1.5}$$

$$HPO_3 + H_2O \longrightarrow H_3PO_4 \tag{1.6}$$

図 1.15 に示すように，樹脂中の赤りんから発生したりん酸を含む水膜が電極を跨いで形成されると，絶縁不良や ECM の原因となる．絶縁樹脂表面の赤りんから発生したりん酸が乾燥してりん酸塩（白色の針状結晶）として析出したようすを図 1.16 に示す[21]．高湿環境になるたびにりん酸を含む水膜が形成されるため，腐食が継続して進行しやすい状態といえる．対策は被覆欠陥のない赤りん難燃剤を採用すること（Q59），または赤りん以外の難燃剤を採用することである．

【A：誤り】

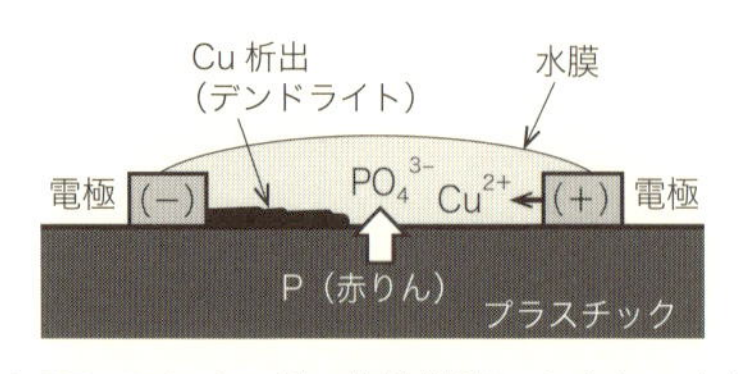

図 1.15 DC プラグの絶縁樹脂に含まれる赤りんによるエレクトロケミカルマイグレーション

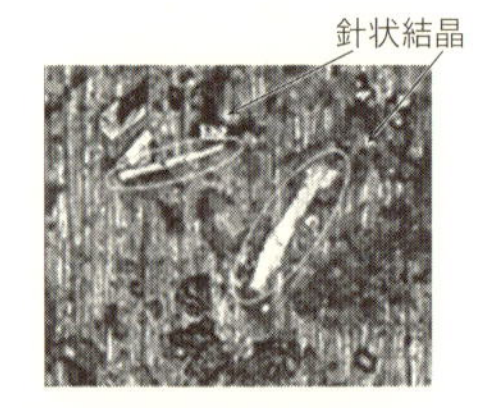

図 1.16 絶縁樹脂表面の赤りんから発生したりん酸が乾燥してりん酸塩（針状結晶）として析出したようす［文献 21）p.46 図 2.2 を改変］

Q11

半導体デバイスでは，封止樹脂の難燃剤に含まれる臭素（Br）が原因でワイヤボンディング部のAu–Al接合部が腐食はく離することが知られている．一方樹脂封止を使用しない場合，Au–Al接合部でこのような腐食は起こらない．

ワイヤボンディングは半導体デバイスと半導体パッケージのリードフレームを接続する，半導体デバイスの信頼性を左右する重要な微細接合技術である．半導体デバイスの内部配線のアルミニウム（Al）電極に金（Au）細線（数十 μmϕ）を超音波熱圧着で接合すると，Al電極とAu細線の界面にはAu_4Al合金層が形成される．エポキシ封止樹脂には，臭化メチル（CH_3Br）を主体とするBr化合物が難燃剤として含まれている場合がある．Br化合物からのBrアウトガスは水（水膜）に溶解して，臭化物イオン（Br^-）が生成される．このBr^-によりAu_4Al合金層が選択的に腐食され，中間体として$AlBr_3$が生成される（式(1.7)[22]）．さらに$AlBr_3$は大気中または樹脂中に存在する酸素と反応し，Al酸化物（Al_2O_3）が形成されるとともに，Br^-が再放出される（式(1.8)）．式(1.7)，(1.8)の反応は自己触媒的に進行する[22]．

$$Au_4Al + 3\,Br^- \longrightarrow 4\,Au + AlBr_3 \qquad (1.7)$$

$$2\,AlBr_3 + 3/2\,O_2 \longrightarrow Al_2O_3 + 6\,Br^- \qquad (1.8)$$

接合界面近傍のAu_4Al合金層中の腐食領域（図1.17(a)）では微小なAu粒子と層状のAl酸化物が析出するとともに空隙が形成されるため，接合強度が低下する[23]．

類似のAu–Al接合部の腐食現象は，ハロゲンフリーはんだ材料由来のBr（はんだペーストのフラックスに含まれるBr）によって起こる．封止樹脂中のBrのアウトガスが200℃近くで発生するのに対し，はんだフラックス中のBrアミン化合物のBrアウトガスは100℃以下で発生し，水膜に溶解してBr^-を遊離することが示唆されている[24]．耐湿試験後の接合部（図1.17(b)[24]）では，図1.17(a)に示した封止樹脂による事例と同様に，黒く見える析出Au粒子と白く見える層状に析出した非晶質のAl酸化物が混在する腐食形態を確認できる．

【A：誤り】

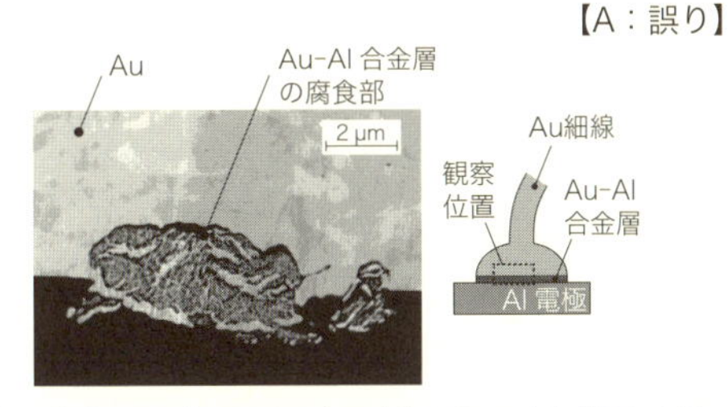

(a) 封止樹脂の難燃剤由来のBrアウトガスによる腐食（200℃ × 305 h）［文献23）p.160 図8を改変］

(b) はんだペーストのフラックス由来のBrアウトガスによる腐食（85℃, 85% RH, 1000 h）［文献24）p.174 図5を改変］

図 1.17　BrによるAu–Al合金層の腐食状態の比較

H1 温湿度環境の加速試験

温湿度環境による特性劣化の加速試験の方法はJIS規格などで規定されており，一般的に高湿試験とよばれる．高湿試験のさらなる加速試験として，JIS C 60068-2-66[25] で規格化されているHAST（high accelerated stress test，不飽和プレッシャークッカー試験（USPCT）ともよばれる）や，Air-HAST[26]（水蒸気に加え，空気が混在する状態の試験）がある．

高湿試験，HAST，Air-HASTにおける試験中の槽内の状態を図1.18に示す[24]．高湿試験は水蒸気と空気が混在するのに対し，水蒸気圧が大気圧以上となる条件で実施されるHASTは温湿度上昇時の水蒸気圧により槽内の空気が押し出され，ほぼ水蒸気で満たされた条件で実施される．一方Air-HASTは槽内の空気を残留させる，もしくは後から空気を入れることで水蒸気と空気を混在させた条件で実施される（一例として槽内の空気を残留させる残留方式を図示するが，ほかにも加圧方式がある）[26]．

水蒸気と空気が両方混在するAir-HASTは，高湿試験で見られる腐食現象を再現・加速できる場合がある．たとえばAu-Al合金のBr腐食（Q11）は，酸化反応が介在する現象であり，高湿試験で確認された腐食現象はAir-HASTで再現されている（図1.19[24]）．その他すずウィスカの成長[27]や，導電性接着剤の接合劣化[28]にも適用されている．ただし，エレクトロケミカルマイグレーションの評価では，HASTに対してAir-HASTが同等または抑制されるという報告もある[29]．市場での腐食現象を再現するかどうか確認した上で，加速試験方法を選択することが重要である．

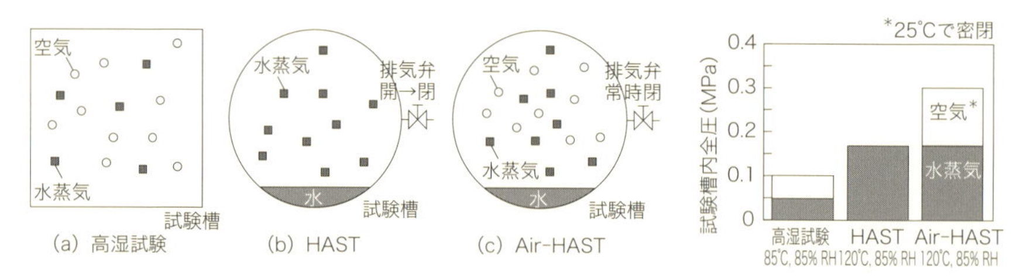

図 1.18　高湿試験，HASTおよびAir-HASTにおける試験中の槽内状態の違い［文献24）p.172 図2〈(a)～(c)〉を改変］

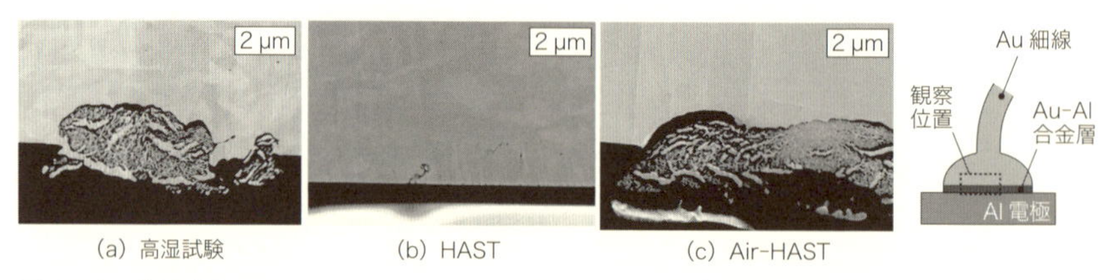

図 1.19　高湿試験，HASTおよびAir-HAST試験後のAu-Al接合部の腐食状態比較［文献24）p.174 図5〈(a)～(c)〉を改変］

参考文献

1） 防錆・防食技術総覧編集委員会 編，“防錆・防食技術総覧”，p.901，産業技術サービスセンター（2000）．

2） T.E. Graedel，*J. Electrochem. Soc.*，**139**，p.1967（1992）［許可を得て転載．Copyright 1992，The Electrochemical Society.］．

3） 田中浩和，嶋田哲也，岡本 朗，霞末和男，岡田誠一，エレクトロニクス実装学会誌，**13**，p.535（2010）．

4） 春日部進，表面技術，**40**，p.516（1989）．

5） 腐食防食協会 編，“腐食・防食ハンドブック”，p.11，丸善（2000）．

6） NTT 技術ジャーナル，**24**［4］p.67（2012）．

7） 大島利行，回路実装学会誌，**10**，p.80（1995）．

8） ジム・ケニー，カール・ウェンゲンロス，テッド・アントネリス，川島 敏，永倉雅之，表面技術，**59**，pp.589-592（2008）．

9） 前田剛志，上玉利徹，表面技術，**58**，pp.101-104（2007）．

10） 尾崎敏範，石川雄一，材料と環境，**52**，pp.185-194（2003）．

11） 近沢正敏，武井 孝，表面科学，**14**，pp.526-532（1993）．

12） 能登谷武紀，中山茂吉，大堺利行，“ベンゾトリアゾール 銅及び銅合金の腐食抑制剤”，pp.32-33，日本防錆技術協会（2008）．

13） 譲原靖弘，航空電子技報，**27**，p.10（2004）．

14） コネクタ最新技術'99 編集委員会，“コネクタ最新技術”，p.12，アドバンステクノロジー出版（1999）．

15） 安東泰博，酒井善和，金井恒雄，電子通信学会論文誌，J66-C，pp.835-842（1983）．

16） 電気化学会 編，“第 5 版 電気化学便覧”，p.92，丸善（2000）．

17） 菅沼克昭，精密工学会誌，**79**，pp.730-734（2013）．

18） 田中浩和，エレクトロニクス実装学会誌，**11**，p.231-238（2008）．

19） 日本電線工業会，環境にやさしい EM（エコマテリアル）電線・ケーブル Q&A，技資第 142 号 C（2018）．

20） 山中淳平，龍岡照久，古橋幸子，平山康弘，平成 29 年電気学会基礎・材料・共通部門大会講演論文集，p.23（2017）．

21） 龍岡照久，腐食防食学会第 72 回技術セミナー資料，pp.41-52（2017）．

22） K.H. Ritz，W.T. Stacy and E.K. Broadbent，Proc. IEEE Int. Reliability Physics Symp.，pp.28-33（1987）．

23） 宇野智裕，巽 宏平，溶接学会論文集，**19**，pp.156-166（2001）．

24） 西原麻友子，日本信頼性学会誌「信頼性」，**37**，pp.170-176（2015）．

25） JIS C 60068－2－66，環境試験方法―電気・電子―高温高湿，定常（不飽和加圧水蒸気）（2001）．

26） 岡本秀孝，吉田隆久，エレクトロニクス実装学会誌，**15**，pp.387-390（2012）．

27） 津久井勤，竹内義博，上島 稔，竹中順一，竹内 誠，神山 敦，佐々木喜七，エレクトロニクス実装学会誌，**15**，pp.404-416（2012）．
28）佐々木喜七，岡本秀孝，エレクトロニクス実装学会誌，**18**，pp.235-238（2015）．
29）岡本秀孝，エレクトロニクス実装学会誌，**18**，pp.216-220（2015）．

電子機器における腐食の実際 2

電子機器に搭載されている電子部品には，さまざまな金属材料が使われている．電子部品を構成する金属の腐食は，主にその表面に形成された水膜下での電気化学反応に基づくことから，周囲雰囲気の温度，相対湿度，腐食性ガス，塵埃が重要な要因となる．電子機器では，稼動時に比べて停止時に材料の表面温度が下がることで相対湿度が高くなるため，電子部品の腐食が促進されることがある．水膜形成の駆動力としては，その環境の温度変化が重要となる（Q13）．一方，電子部品の主要な材料である銀および銅は，硫化水素（H_2S）など還元性硫黄が存在すると，水膜が形成されない低湿環境でも化学反応によって硫化腐食が進行する．また，金属の腐食は風速にも依存するため，強制空冷方式の電子機器では自然空冷方式の電子機器に比べて腐食が促進されやすい（Q15）．半導体部品では，半導体素子が形成されているシリコン自体はほとんど腐食しないが，引出し電極などの金属材料が腐食することがある（Q17, Q19）．

電子部品の腐食を抑制する方法として，腐食のメカニズムを把握した上で構成材料に耐食性材料を採用する方法が挙げられる．ただし材料の変更だけでは耐食性を維持するのが不十分な場合は，電子機器の構造や使用環境を改善する方法をとる．電子部品を密閉構造の筐体内で使用することは腐食要因である腐食性ガス，塵埃，塩粒子の侵入を防ぐことができ，腐食抑制に有効な手段となる（Q12）．また，電子部品の保管や輸送時の腐食障害を防止するためには，外気雰囲気中の水分を遮断する防湿梱包が採用されている（Q21）．塩粒子は一度付着するとその後の腐食に継続して悪影響を及ぼすため，プリント配線板や端子などに付着させない，あるいは付着量を極力減らすことが重要である（Q16）．塩粒子に限らず表面に付着した異物は水膜形成を助長するため，洗浄するなど除去することが腐食抑制に効果がある（Q20）．

電子機器における腐食問題を考える上で，同じ機器内に使用される部品や材料の組合せにも気を配る必要がある．電子機器内に使用されるゴム，接着剤，オイル，グリスなどから生じるアウトガスが，機器内の他の電子部品の腐食を引き起こすこともある（Q18）．

電子機器では，搭載電子部品の軽微な腐食でも基本機能に影響を及ぼすことがある．電子部品では許容腐食量が小さいため，材料の腐食量を数分の一にする程度では間に合わないことが多い．それよりも腐食反応そのものが生じないよう，構造や環境を改善することが重要である．すなわち電子部品の腐食寿命は腐食反応の進行期間でなく，腐食反応が開始するまでの潜伏期間により決定されることを念頭において設計すべきである．

Q12 腐食性ガスの濃度が高くかつ相対湿度の高い雰囲気に設置する配電盤は，密閉型筐体を使用するのがよい．

腐食障害の発生が想定される過酷な環境に電子機器を設置するにあたり，購入部品など材料の変更が難しい場合や，材料の変更だけでは耐食性を維持できない場合は，電子機器の設置環境を改善する対策を講じる．筐体構造における環境改善対策を表2.1に示す[1)]．密閉型筐体の配電盤は，通常環境（腐食性が清浄～中程度の環境）で用いられている開放型筐体の配電盤に比べて，腐食性ガスや塵埃の侵入を防ぐことが可能であり盤内の電子部品の腐食劣化を抑制するのに有効である．雰囲気を加熱するためのスペースヒータまたは除湿機（乾燥剤を含む）の設置は，盤内の相対湿度を低下させる効果があり，水分に起因した腐食を低減できる．電子機器の構成材料から発生する腐食性アウトガス（Q18，Q25），または接触器（大電流を入切する機器）の放電時に発生するオゾン（O_3）や窒素酸化物（NO_x）など盤内で発生するガスによる腐食にも注意する．これらの腐食は，密閉型筐体の配電盤内に組み込んだ内気循環型フィルタにより腐食性ガスを除去することで改善される．発熱量が大きい電子部品が搭載されている配電盤では，自己発熱により誤動作や故障が発生するため，内部攪拌扇やヒートシンクなどの放熱対策を施す必要がある．

さらに，過酷な環境に電子機器を設置する場合，内圧型筐体が有効である．内圧型筐体では，腐食性ガスおよび塵埃を除去するためのフィルタで清浄な空気を送り込み，筐体内の内圧を高めている．通気により高発熱部品を放熱できる上，外部からの腐食性要因（腐食性ガスや塩粒子など）の侵入を防止し，盤内で発生するガスも外部から導入される清浄空気により希釈できるため，過酷な環境での採用事例が多い．

【A：正しい，ただし放熱対策などを考慮する必要がある】

表 2.1　電子機器の筐体構造における環境改善対策［文献1）p.10 表6を改変］

筐体構造	開放型	密閉型	内圧型
大気汚染程度	普　通	やや悪い	悪　い
換　気	自然，強制	な　し	な　し*
床　板	な　し	あ　り	あ　り
パッキン	な　し	あ　り	あ　り
スペースヒータ	な　し	必要に応じて採用	な　し
除湿機構	な　し	必要に応じて採用	な　し
内部攪拌扇	な　し	必要に応じて採用	な　し
ヒートシンク	な　し	必要に応じて採用	な　し
フィルタ（ダスト）	必要に応じて採用	必要に応じて採用	あ　り
フィルタ（ケミカル）	な　し	必要に応じて採用	あ　り

*　フィルタに送り込む以外，換気の必要なし．

Q13 電子機器では，搭載電子部品の自己発熱で周囲温度が上昇して腐食の主要因である水分が蒸発する（乾燥雰囲気となる）ため，腐食の発生について心配する必要はない．

電子機器が設置されている環境は，自動車（Q14）や屋外設置機器などの環境を除いて−10 ～ 60℃の温度範囲にある場合が多い．低温度環境では金属表面に形成される水膜中への金属の溶解速度が減少するため腐食の問題はほとんど生じない．一方，高温度環境では金属の溶解速度が上昇するものの，温度の上昇とともに相対湿度が低下して金属表面に形成される水膜が薄くなる．さらに一般に温度の上昇とともに腐食性ガスの水膜中への溶解度も低下するため，高温度環境ではかえって腐食は起こりにくくなる．

稼動時に温度が上がると電子部品の表面は乾燥する．腐食が問題となるのは，停止時に温度が下がる（相対湿度が上昇する）と電子部品の表面に水膜が形成される場合である．すなわち，腐食要因としては温度の絶対値よりも，温度変化が重要である．空調設備のない屋内環境や屋外では，昼夜の気温の変化で腐食が促進されることに注意すべきである．

図 2.1[2] は，腐食要因としては温度の絶対値よりも温度変化が重要であることを示す一例である．図 2.1(a) は空調がない部屋（38 ～ 39℃，16 ～ 19％ RH）に暴露した銅板試験片の表面に形成された腐食生成物の厚さ（銅の腐食皮膜厚さ）を示したものである．一方，この部屋に温度制御の空調を入れて温度を 24 ～ 25℃に下げると相対湿度は 48 ～ 75％に上昇した．この温度低下による相対湿度上昇に伴い銅の腐食皮膜厚さは図 2.1(b) に示すように，空調のない図 2.1(a) に比べて約 3 倍に増加した．ただし，フィルタを設置した上で温湿度制御の空調を入れることにより（13 ～ 22℃，32 ～ 34％ RH），図 2.1(c) に示すように腐食を抑制できる[2]．

【A：誤り】

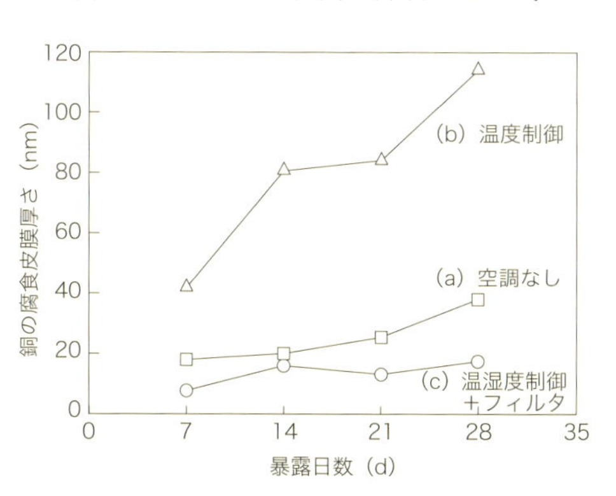

図 2.1　銅の腐食に及ぼす空調制御方式（温度制御，温湿度制御）の影響［文献 2）p.44］

Q14 車載電子機器に対しては振動や衝撃など機械的なストレスを考慮した試験とともに，車載環境に対応した厳しい腐食試験を実施する必要がある．

車載電子機器が設置されている車室内環境は絶対湿度の変化は少なく，温度と相対湿度の上昇と下降が正反対に起きる．このため高温高湿のような過酷な環境になることは少ない．しかし，車室内では日中の高温低湿（70～80℃，20～30％ RH）と夜間の低温高湿（25℃前後，65％ RH 前後）が日々繰り返されており，毎日ヒートサイクル試験を実施しているような環境となる（図 2.2）．

また，車室内は場所により温湿度が異なり，たとえばダッシュボードでは夏期に 100℃近くまで温度が上昇し冬期に－20℃近くまで低下することがある．さらに，雨が降ったときには相対湿度が 100％と結露状態になることもある（表 2.2）．

車室内の環境は，電子部品の腐食という観点からも厳しい環境といえる．車載電子機器や自動車内に持ち込まれるような機器（機器に搭載された電子部品を含む）に対しては，機械的なストレス試験とともに，このような厳しい環境に対応した腐食試験（高温試験，高湿試験など）を実施しなければならない．

【A：正しい】

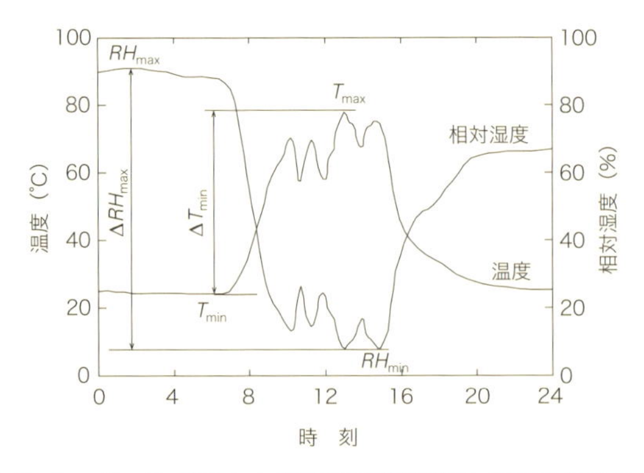

図 2.2 車室内ダッシュボードで測定した温湿度の経時的変化（1995 年 9 月，宮崎にて測定）

表 2.2 車室内における温湿度データ（1995 年，宮崎にて測定）

	温度（℃）			相対湿度（%）		
	T_{max}	T_{min}	ΔT_{max}	RH_{max}	RH_{min}	ΔRH_{max}
センターコンソール	60.6	−17.6	52.9	100	2.7	95.3
ダッシュボード	94.3	−19.1	72.2	100	0	94.4
シート下	45.3	−18.3	37.1	100	8.8	80.3
トランクルーム	55.4	−9.5	32.4	100	12.4	81.1

Q15 強制空冷方式のサーバでは，風速が遅く空気が滞留している箇所より，風速が早い箇所に設置されている電子部品のほうが腐食障害を起こしやすい．

高速処理が要求されるサーバではプロセッサなどの発熱部品を冷却するために，ファンによる強制空冷方式（風速は数 m s^{-1}）が採用されている．風速環境では拡散に加え流れにより腐食性ガスが供給されるため，静置（風速ゼロ）に比べて腐食が促進される[3]．サーバ筐体内に 1 ヵ月間暴露した銀板の腐食速度（1 ヵ月あたりの銀板表面に形成された腐食生成物の厚さ）の風速依存性を図 2.3 に示す．風速が早くなるに従い銀の腐食速度も増大する（風速のべき乗に比例[4]）傾向が認められる．したがって，風速が早い箇所に設置されている電子部品ほど腐食障害を起こす可能性が高い．

強制空冷方式のサーバでは発熱部品の発熱量に応じて風速が設定されているため，電子部品の腐食対策のため風速を変更する（低くする）ことができない．周囲環境から侵入する腐食性ガスをフィルタで除去すること（Q12，Q63）が実効的な対策となる．

フィルタ設置による環境改善効果は，フィルタ設置前後での周囲環境中の腐食性ガス濃度や金属板の腐食量（Q51，H5）を比較することで確認できる．金属板の腐食量を測定する方法では腐食量が風速に依存するため，風速が早い箇所での測定が推奨されている[5]．

【A：正しい】

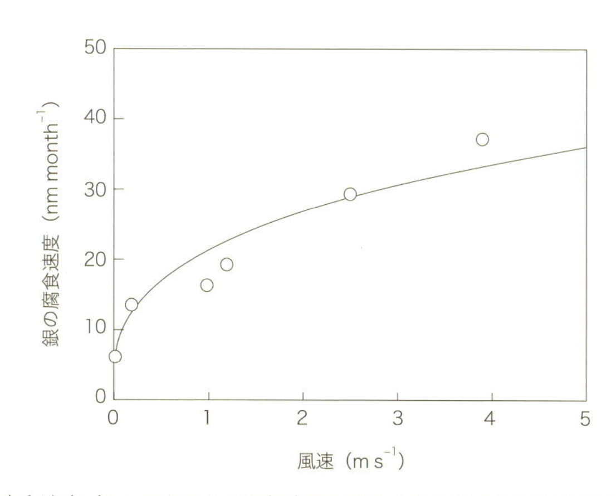

図 2.3　銀板の腐食速度（1 ヵ月あたりの銀板表面に形成された腐食生成物の厚さ）に及ぼす風速の影響（強制空冷サーバでの実測データ：温度 26 ～ 28℃，相対湿度 50％以下，実線は腐食量が風速のべき乗に比例すると仮定した近似曲線）

Q16

海岸地域の屋外設置型の電子機器の保守作業を，海から強い風が吹いている日に半日程度扉を開けて行うことになった．次の中から正しい対応を選べ．

(1) 半日の間に進行する腐食はわずかなので，扉を開けたまま作業を行った．

(2) 機器に直接風が当たらないようにテントや囲いを設けて作業を行った．

(3) その日は作業を中止し，翌日風のないときに作業を行った．

海塩粒子は気泡が弾けるときなどにできる細かな海水が乾燥した粒子であり，上昇気流により空気中に巻き上げられ風に乗って内陸まで運ばれてくる．海塩粒子に含まれる塩化物イオンはさまざまな金属の腐食に影響を及ぼし，金属表面の水膜に溶解して腐食を促進させる作用がある．

海岸地域の屋外に設置された電子機器の保守作業を行う場合，扉が開いていると海塩粒子が筐体内に侵入し，搭載電子部品の表面に付着することがある[6]．一度付着した海塩粒子は単純に作業を行った時間（たとえば (1) の半日間）だけでなく，部品表面に付着しているためその後も継続して腐食に悪影響を及ぼす．さらに，冷却ファンが設置されている電子機器では，周囲環境中の海塩粒子の濃度が低い場合でもファンにより海塩粒子の付着が著しく促進される（Q28）．海塩粒子が付着したプリント配線板（図 2.4[6]）では，高湿度環境で海塩粒子は潮解して（Q29），絶縁不良や腐食の要因となる．

対策はプリント配線板や端子などに海塩粒子を付着させない，または付着量を極力減らすことである．風の強い日には海塩粒子の付着が促進されるため，可能であれば風のない日に変更して作業する．風よけなどのテントや囲い内で作業することも海塩粒子の付着を低減させるのに有効である（図 2.5[6]）．融雪塩（塩化ナトリウムまたは塩化カルシウム）を散布する地域でも，同様に融雪塩の付着に注意する必要がある（Q26）．

【A：(2)，(3)】

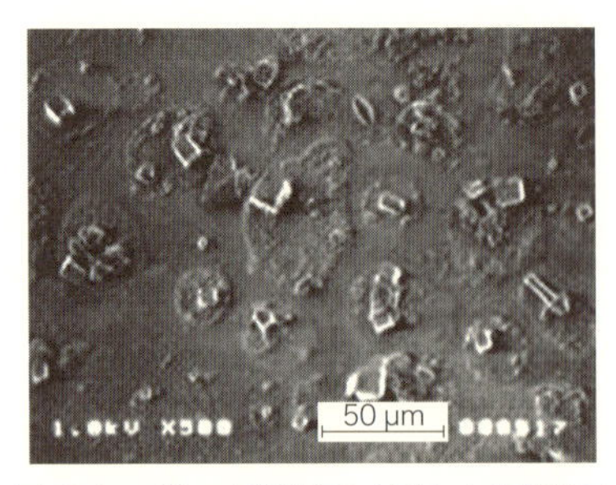

図 2.4　プリント配線板に付着した海塩粒子（写真で結晶状の物質が海塩粒子）［文献 6）P.50］

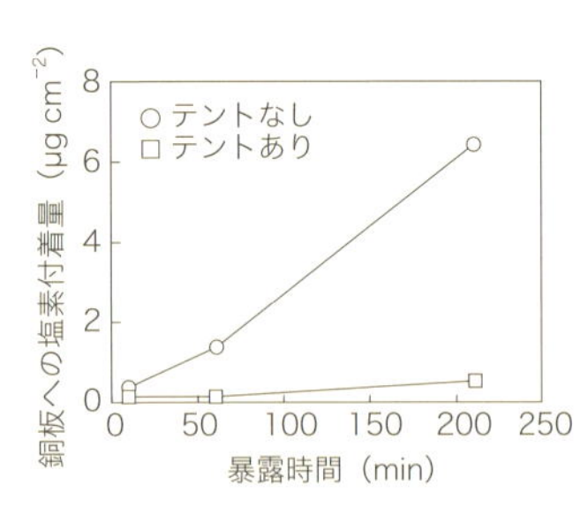

図 2.5　囲いテントの有無による海塩粒子付着量の差異（海塩付着量を銅板への塩素付着量で代用）［文献 6）P.51 図 5 を改変］

Q17 太陽電池は物理電池であるため，化学電池（一次電池，二次電池）と異なり腐食の心配がない．

太陽電池セルは，光エネルギーを電気エネルギーに変換する半導体と電気エネルギーを外部に取り出す電極とで構成されている．市販されている太陽電池は半導体にシリコンが用いられていることが多く，シリコンそのものは腐食することはほとんどない．しかし，電極に用いられている銀ペースト，はんだ，銅，アルミニウム，透明導電膜は腐食することがある．太陽電池の出力低下は各種配線の腐食はく離や断線が要因の一つに挙げられている[7)]．

住宅用発電システムのように多数のセルをパッケージに組んだものを太陽電池モジュールとよぶ．太陽電池モジュールは30年以上の寿命が望まれており[8)]，高い信頼性を維持するためスーパーストレート構造のモジュールが用いられている（図2.6[7)]）．この構造では，封止材に耐候性向上のための安定剤を混入させたエチレンビニルアセテート（EVA）を用いることが多い．また裏面を保護するバックシートには，耐湿性や高絶縁性確保のためアルミニウムなどの金属箔をポリフッ化ビニル（PVF）などで積層した複合フィルムを用いる．太陽電池モジュールの信頼性確保のため，JIS C 8918 規格[9)]で環境試験や耐久性試験の方法が定められている．

太陽電池モジュールは屋外に設置されるため，雨，海塩粒子，二酸化硫黄（SO_2）などの腐食性環境にさらされることになる．洋上や海岸地域など過酷な環境に設置する場合には，太陽電池モジュールを固定するアルミニウム製のフレームや配線の端子ボックスなどに対する腐食対策が必要となる．

【A：誤り】

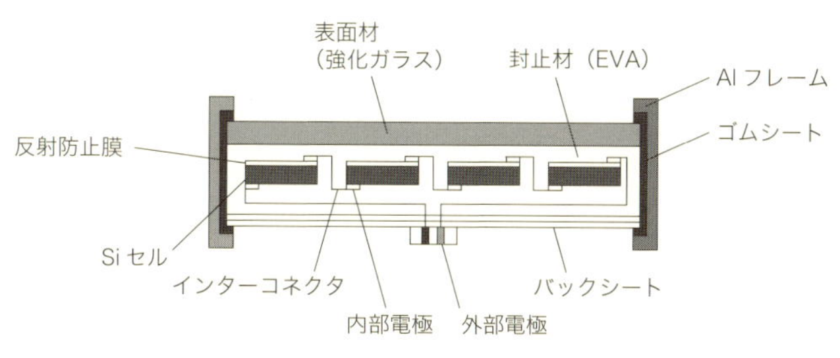

図 2.6　太陽電池モジュールの断面模式図（スーパーストレート構造）［文献 7）p.380 図 3 を改変］

Q18 シリコーングリスから発生するシロキサンガスによるモータの接触障害を再現させるため，密閉容器中にシリコーングリスとモータ（通電なし）を入れて，高温保持試験を行った．

シリコーン系合成物（ゴム，グリス，オイル，接着剤など）は，主鎖がシロキサン結合“—Si—O—”の繰り返しでできており，熱安定性（耐熱，耐寒），耐油性，耐薬品性に優れている．

シリコーン系合成物に未反応の低分子シロキサンが含まれていると，この未反応の低分子シロキサンが経時的にシロキサンガスとなって接点近傍に移行し，接点摺動時（あるいは接点開閉時）の放電エネルギーや熱によって化学反応を起こす．その結果，図 2.7 に示すように接点部付近にシリコン酸化物（SiO や SiO_2）と炭素の混合物（図中ブラシ上の黒色絶縁物）が生成され，やがて接触不良を引き起こす．

シリコーン系合成物がモータなどの接点部品に与える影響を評価するには，密閉容器中にシリコーン系合成物と接点部品を入れて，高温保持試験（1 週間程度）を行う方法が簡単である．接点摺動時（あるいは接点開閉時）の放電エネルギーや熱により生成される絶縁物に起因した接触不良を再現させるためには，接点部品を動作（摺動，開閉）させた状態で試験することが重要である（図 2.8）．

シロキサンガスによる接点不良を防止するには，摺動や開閉を伴う接点の近くでシリコーン系合成物を使用しないことである．ほかの対策としては低分子シロキサンを一定レベルまで低減させたシリコーン系合成物を使用することも有効である．

【A：誤り】

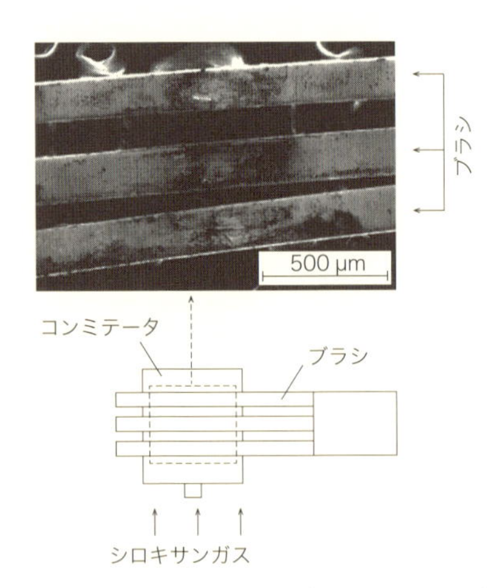

図 2.7　接触不良となったブラシモータの接点（ブラシ上で黒く見えている部分が絶縁物）

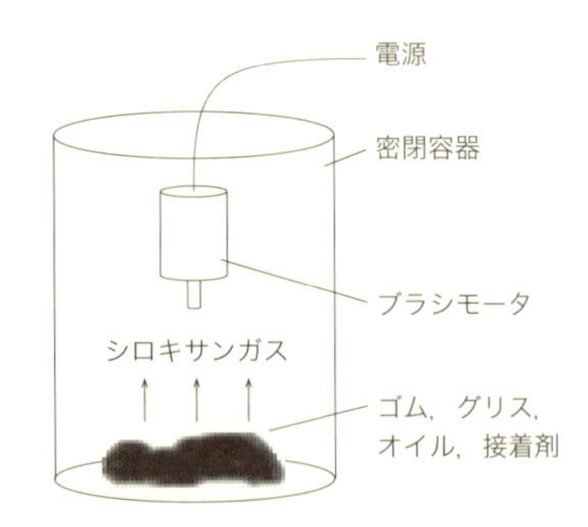

図 2.8　シロキサンガスによる接触障害の再現試験（高温保持通電試験）

Q19 LED照明の腐食障害は，LED素子の接続に用いられている銀ペーストや金細線など配線材料の短絡や絶縁不良など電気接続劣化のみを気にしておけばよい．

表面実装型LEDは，LED素子とリードフレームとランプハウスからなるパッケージ構造をとる．リードフレームと金細線（または銀ペースト）により接続されたLED素子は，ランプハウス内で樹脂封止される（図2.9[10]）．ランプハウスは光の反射枠として利用されるため，その表面には広い波長域で反射率の高い銀めっきが施されている．さらに，LED素子の近傍にあり反射板の役割を兼ねているリードフレームにも銀めっきが施されている．

LEDの腐食による劣化形態としては，① 電気的劣化，② 光学的劣化が挙げられる．電気的劣化は，銀めっきリードフレームや銀ペーストでのエレクトロケミカルマイグレーション（Q34～Q37）による短絡，LED駆動回路に搭載されているチップ抵抗の銀電極での硫化による絶縁不良（Q42）などが原因となる．

一方，光学的劣化は，LED素子自体よりも銀反射板の硫化腐食による反射率の低下が原因となることがある．LED照明の寿命は光度が初期光度の70％に低下した時点と定義されている[11]．LED素子自体の光度が低下していなくても，銀めっき反射板の硫化変色により光度が低下すると，その分だけLED照明の寿命が短くなる．

LED照明の銀反射板の変色防止対策としては，① 酒石酸水溶液への浸せき処理，② 炭酸カリウム水溶液での電解処理，③ 電解クロメート処理，④ 浸せきクロメート処理，⑤ ロジウムめっき処理などの方法がある[10]．またITO（indium tin oxide），ZnO，IZO（indium zinc oxide），SnO_2などの変色防止膜を形成することも有効である[10]．

【A：誤り】

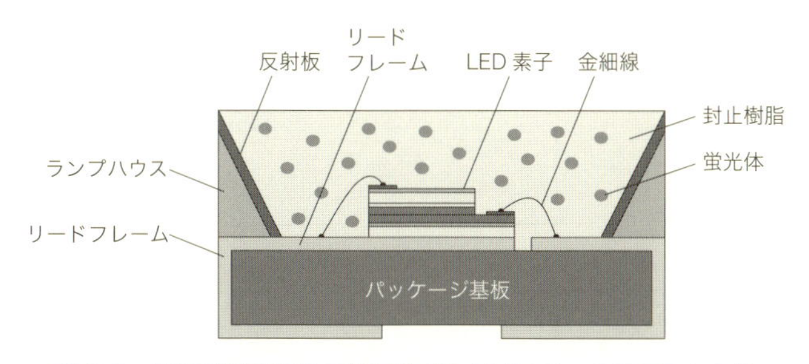

図 2.9　表面実装型LEDの断面模式図［文献10）p.647 図1を改変］

Q20 アルミニウム電解コンデンサで液漏れが発生したため，プリント配線板上に漏れた電解液を拭き取った上で，第三級アンモニウム塩系の電解液を使用しているアルミニウム電解コンデンサに交換した．

アルミニウム電解コンデンサの液漏れ障害のうち電解液が原因で発生した障害は，第四級アンモニウム塩系の電解液（1990 年頃採用）を使用したアルミニウム電解コンデンサでの事例が多い．そのコンデンサの構造を図 2.10[12)]，プリント配線板に電解液が漏洩した状況を図 2.11[12)] に示す．解体したコンデンサを観察すると，負極側のリード棒と封口ゴム（ゴムパッキン）の隙間から電解液が漏洩している（図 2.12[12)]）．第四級アンモニウム塩などのカチオンを用いた電解液は，電気分解により負極で発生した水酸化物イオンを捕捉できない．このため強アルカリ性の環境になった負極近傍の封口ゴムが劣化（勘合部の密着性が低下）して，電解液が漏れたと考えられる[12)]．

液漏れ対策として，電解質を弱アルカリの第三級アンモニウム塩のアルミニウム電解コンデンサや，電解液が漏れにくい構造のアルミニウム電解コンデンサを使用するのがよい．また，プリント配線板上に漏洩した電解液の残さは潮解して水膜を形成するため，エレクトロケミカルマイグレーション（Q34 ～ Q37）など絶縁不良の原因となる．液漏れが起きた場合は，プリント配線板を交換する，またはプリント配線板上の残さを拭き取る（洗浄する）などの対策が必要である．第三級塩素のアルミニウム電解コンデンサを用いれば，第四級塩素に比べて潮解性が低いため，漏洩時のリスクも低減される．

【A：正しい】

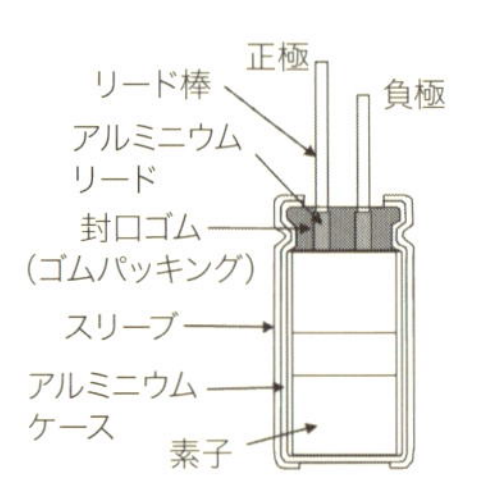

図 2.10　アルミニウム電解コンデンサの構造
［文献 12）p.48 図 3.1 を改変］

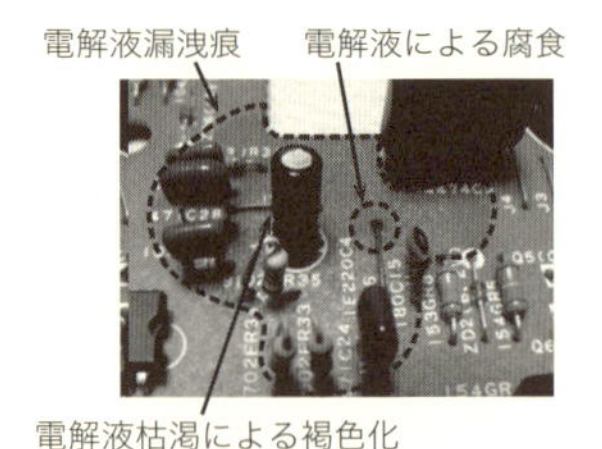

図 2.11　プリント配線板への電解液の漏洩状況
［文献 12）p.48 図 3.2 を改変］

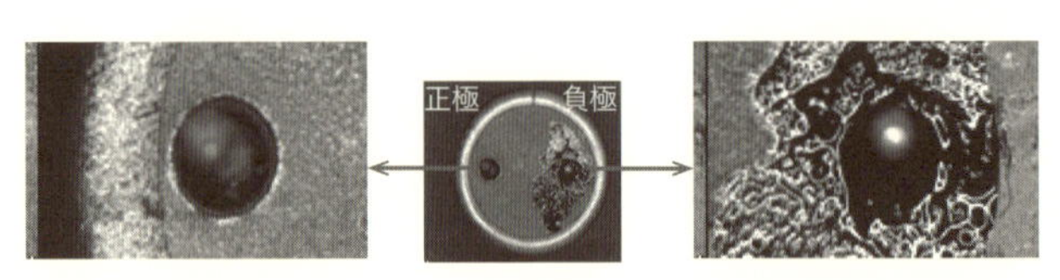

図 2.12　電解コンデンサ封口ゴム（外装フィルムを剥がした後）の劣化状況［文献 12）p.48 図 3.3 を改変］

Q21 樹脂封止半導体デバイスを保管や輸送する場合は，アルミラミネート袋と乾燥剤を併用した防湿梱包とするのがよい．

吸湿した状態の樹脂封止半導体デバイスをリフローソルダリング（赤外線や不活性液体の凝縮熱を利用してはんだ付けをする方法）により基板実装する際，封止樹脂とチップパッド（シリコン素子搭載板）との界面で“リフロークラック”とよばれる割れが発生することがある．リフロークラックは封止樹脂中に吸湿した水分がリフロー時の加熱により水蒸気となり，その水蒸気圧によりチップパッドと樹脂界面がはく離し，樹脂に割れが発生する現象である（図2.13[13]）．リフロークラックは強度上の問題であるが，微小な割れが発生するとそこから浸入した水分によりSiチップ上の電極やリードフレームの腐食が誘発されることから腐食上の問題でもある．

ポリエチレンなどのプラスチックは本質的に透湿性であるため，樹脂封止半導体デバイスをポリエチレン袋に梱包して保管や輸送する場合は，ポリエチレン袋内の封止樹脂の吸湿は避けられない．アルミラミネート袋（アルミニウム箔とポリエチレンの積層構造）はポリエチレンに比べて約1/100程度の透湿量であり，水蒸気の遮断性に優れている（図2.14）．ただしアルミラミネート袋でもわずかであるが水蒸気を透過させるため，長期間の保管や輸送時ではシリカゲルなどの乾燥剤を共存させた防湿梱包を採用する．

【A：正しい】

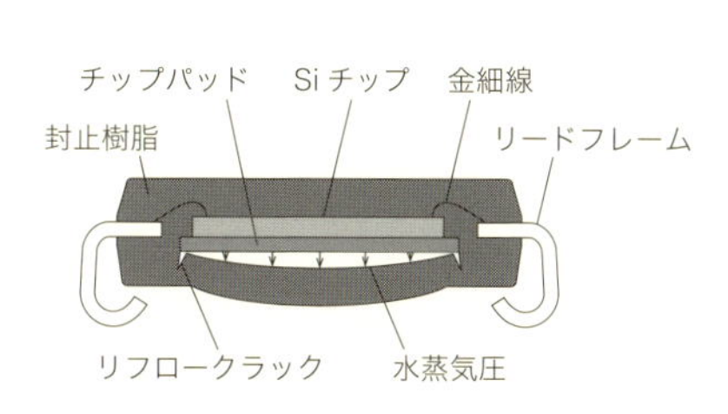

図 2.13　樹脂封止半導体デバイスのリフロークラック［文献13）図3を改変］

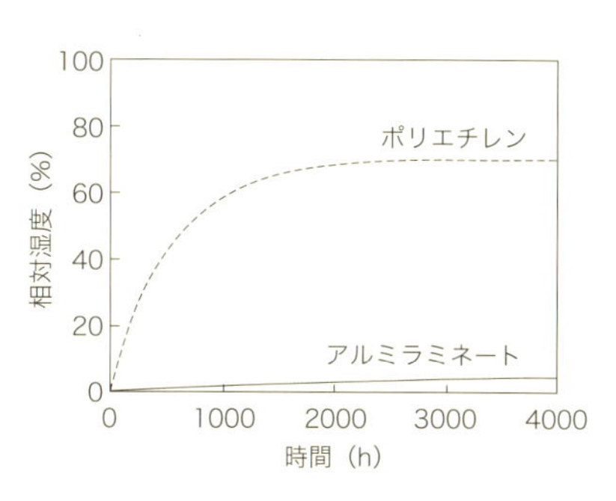

図 2.14　保存袋内の相対湿度の変化（外気雰囲気：30℃，70% RH）

H2 自動車の電装化

自動車の燃費向上は，地球温暖化防止の観点から重要な課題である．環境規制強化の影響や燃費向上のために，さらなる車両の軽量化や電装化が進められている．自動車のさまざまな機能（センサ類や半導体部品，各種システムなど）を制御するために，多くの電子制御装置（electrical control unit：ECU，図 2.15[14]）が組み込まれており，車両の電子部品のコスト比率は 2015 年時点で 40%を占める（図 2.16[15]）．

自動車の消費電力は電装化や電動化に伴い増加する傾向にあり，大電流化への対応が進められている．電気駆動システムにはバッテリ，モータおよびインバータといった電機品が必要であり，大電力を扱うインバータにはモータの駆動に必要不可欠なパワー半導体モジュールが搭載されている．たとえば電気自動車（electric vehicle：EV）用のパワー半導体 IGBT（insulated gate bipolar transistor）では数百 A レベルの電流が流れるため，電力変換時に発生する熱を効率よく系外へ放熱し，さらに発火や発煙などの問題が発生しないような構造設計が重要となる[16]．また，回路基板の腐食に対しては，耐食性のある配線材料や表面処理材，さらに防水構造による対策が検討されている[17]．高電圧化対応では，ECU の省電力化，省スペース化，統合化のための小型高密度実装技術も重要である[16]．自動車は厳しい環境（低温，高温高湿，機械的振動など）で使用されるため，ECU の耐環境性，耐 EMC 性が一層求められている．また，車載システムの大型化により，その設置スペースは車室内やエンジンルームやトランクだけでは不足してきた．屋外環境の影響を受けやすいパワートレーン下部など従来使われていないスペースに設置する必要があり，これまでよりも厳しい環境に対応した腐食対策が必要となる．

電子制御化によるドライバーの運転支援は車線変更や速度制限の警告，レーン内走行制御，駐車時のガイドなど既に身近な機能となっている．情報通信（IT 技術）の進化によって自動車と社会インフラなどとの繋がりが進み，ドライバーの安全運転に必要な交通情報などが外部と車内ネットワーク（controller area network：CAN）との高速通信，ITS（intelligent transport system：高度道路交通システム）機器により提供されることが期待されている．

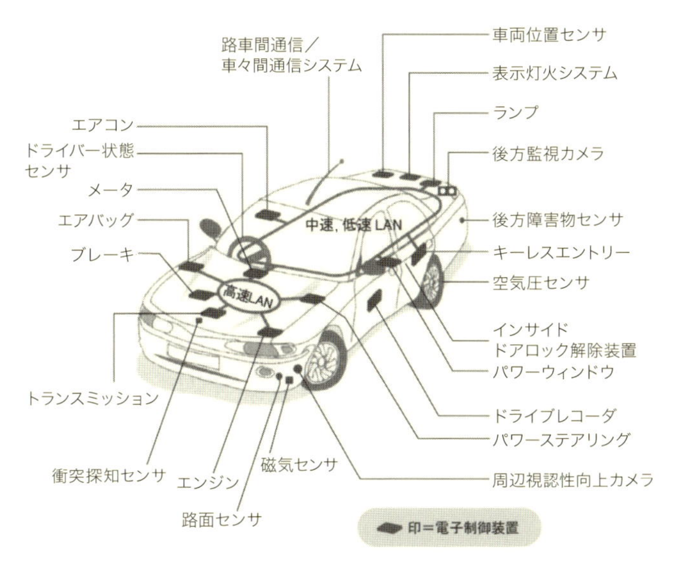

図 2.15　電子制御装置と車載 LAN[14)]

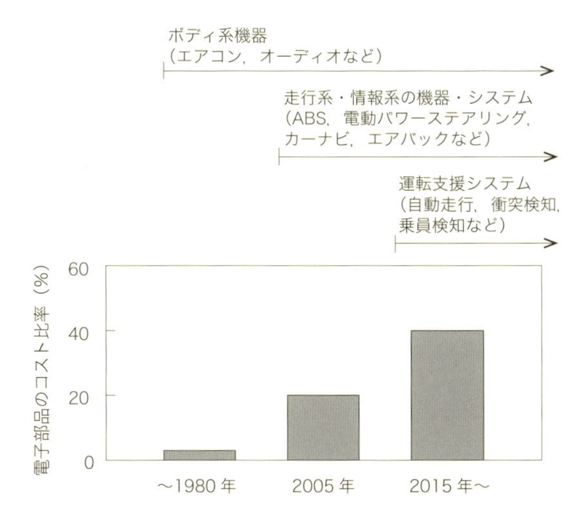

図 2.16　車両に搭載されている電子部品のコスト比率
［文献 15）図 2 を改変］

参 考 文 献

1) 渡辺 博，後藤一敏，藤堂洋子，昭和 63 年度ウェザリング技術研究成果発表会テキスト，pp.5-15（1988）.
2) S. Sharp, *Materials Performance*, **29**［12］pp.43-48（1990）.
3) L. Volpe and J. Peterson, *Corrs. Sci.*, **29**, pp.1179-1196（1989）.
4) M. Ishino, M. Kishimoto, K. Matsui and S. Mitani, IEEE Trans. Comp. Hybrids Manuf. Technol., CHMT-3, pp.63-66（1980）.
5) ASHRAE TC 9.9 White Paper, 2011 Gaseous and Particulate Contamination Guidelines for Data Centers（2011）.
6) 半田隆夫，藤田智之，宮田恵守，第 47 回材料と環境討論会予稿集，pp.49-52（2000）.
7) 松田景子，エレクトロニクス実装学会誌，**15**，pp.379-382（2012）.
8) 日本信頼性学会 編，"新版信頼性ハンドブック"，pp.569-575，日科技連（2014）.
9) JIS C 8918，結晶系太陽電池モジュール（2013）.
10) 片山順一，表面技術，**62**，pp.647-651（2011）.
11) JIS C 8105-3，照明器具—第 3 部：性能要求事項通則（2011）.
12) 龍岡照久，腐食防食学会 第 72 回技術セミナー資料，pp.41-52（2017）.
13) 北野 誠，河合末男，西村朝雄，西 邦彦，日本機械学会論文集（A 編），**55**，p.357（1989）.
14) 泉谷渉，"図解半導体業界ハンドブック"，p.129，東洋経済新報社（2004）.
15) 小川計介，日経 Automotive Technology，2007 spring，p.35（2007）.
16) 技術情報協会 編，"次世代自動車（EV/HEV/PHEV）と部品・材料技術"，pp.185-198，技術情報協会（2011）.
17) 電気学会 42V 電源化調査専門委員会 編，"自動車電源の 42V 化技術"，pp.48-61，オーム社（2003）.

腐食環境　3

電子機器としては，情報・制御機器から自動車，家電製品など我々の日常生活に密着した製品に至るまで広い範囲の製品が挙げられる．したがって使用される環境も，工場の製造現場など腐食性の厳しい環境から空調の整備された事務室や一般家庭のように腐食性の緩やかな環境までと多岐にわたっている．さらに，電子機器に搭載されている電子部品は複雑化や高密度化が進んでおり，従来は問題がなかった環境でも腐食することがある．防食対策を検討する上で，電子機器の設置環境を正確に捉えることが重要となる．さらにグローバル化により海外での電子機器の製造～保管～輸送～使用が拡大していることから，海外の環境も正確に把握する必要がでてきた（Q23）．電子機器の腐食に及ぼす環境要因としては以下の項目が挙げられる．

(1)　温　度

電子機器の場合，周囲温度に加えて通電による温度上昇の影響を受ける．温度は化学反応を促進させるため，劣化の促進因子となり得る．ただし，腐食反応では相対湿度の影響が大きいため，腐食速度は単純には温度に依存しない．

(2)　相対湿度

大気腐食では水（水膜）の存在が大きな影響を及ぼすことから，相対湿度は最も重要な腐食因子である．腐食は一般的に低湿度ではそれほど顕著ではないが，ある一定湿度以上になると急激に促進される．この湿度を臨界湿度といい，通常 60 ～ 70％RH の値を示す．ただし例外もあり，硫化水素環境での銅や銀の腐食は低湿度でも進行する（図 3.1）．

(3)　海塩粒子

海塩粒子は海水の飛沫が乾燥したもので，主に塩化ナトリウムと塩化マグネシウムからなる．これらの潮解性のある塩が金属表面に付着すると比較的低い湿度で水膜を形成するため，電気化学的な腐食反応を促進させる（Q26，Q29）．図 3.2[1] は海塩付着量と海岸からの距離との関係を示したものである．ただし海塩粒子の内陸への到達距離は，風速や風向などの気象条件，地形などによって異なる．

(4)　腐食性ガス

二酸化硫黄（SO_2），二酸化窒素（NO_2），硫化水素（H_2S），塩素（Cl_2），アンモニア（NH_3）などのガスは腐食を促進させる．これらのガスは化学プラント，発電所，浄水場などの発生源近傍で問題となることが多いが，一般環境においても大気汚染物質として含まれており，腐食の原因となる．硫化水素は地熱発電所や下水処理施設などから発生し，電子部品の腐食事例が比較的多い．とくに銀・銅に対する腐食性が高く，腐食生成物による短絡や導通不良を引き起こす（Q27）．都市部・住宅地などの一般的な環境では，SO_2，NO_2 など燃焼や排気が発生源となるガスが多い．その他，放電により発生するオゾン（O_3），火災時に塩化ビニルの燃焼により発生する塩化水素（HCl）（Q31），ゴム部品からのアウトガスとして発生する還元性硫黄（Q25）など屋内にも腐食性ガスの発生源があり，注意が必要である．

(5) 塵　埃

塵埃が付着すると，金属表面との毛管現象により水が凝縮する．さらに塵埃には周囲環境を反映した成分が含まれており，海塩粒子と腐食性ガスの共存により腐食が促進される（Q28，Q30）．

(6) 電　圧

電子機器に特徴的な因子として，電気的なストレスがある．電子部品の電極間には直流電圧が印加されているため，たとえば高湿度で塩粒子が付着しているような環境では電解によるアノード側の腐食促進，またエレクトロケミカルマイグレーションによる短絡障害が懸念される（4 章参照）．

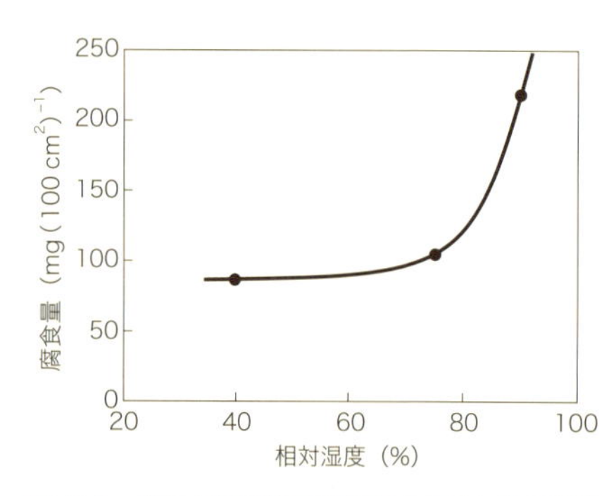

図 3.1　硫化水素環境での銅の腐食量と相対湿度の関係（温度 25℃，H_2S 濃度 0.1 ppm，暴露期間 21d）

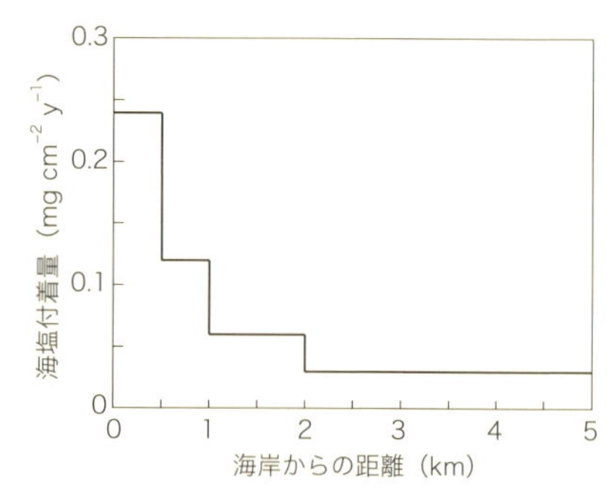

図 3.2　海塩付着量と海岸からの距離の関係[1)]

Q22 屋外環境における銅の腐食は，二酸化硫黄（SO_2）付着量，塩化物付着量および温湿度と相関があることが知られている．屋内環境における銅の腐食挙動も，屋外環境と同じ上記環境因子で推定できる．

ISO 9223[2] では屋外環境での銅の腐食量を SO_2 付着量，塩化物付着量，温湿度から推定する．銅の腐食速度（暴露 1 年目の腐食減肉量）r_{corr}（$\mu m\ y^{-1}$）は式(3.1) で与えられる．

$$r_{corr} = 0.0053 \cdot P_d^{0.26} \cdot \exp(0.059 \cdot RH + f_{Cu}) + 0.01025 \cdot S_d^{0.27} \cdot \exp(0.036 \cdot RH + 0.049 \cdot T) \quad (3.1)$$

ここで，T は年平均気温（℃），RH は年平均相対湿度（%），P_d は年平均 SO_2 付着量（$mg\ m^{-2}\ d^{-1}$），S_d は年平均塩化物付着量（$mg\ m^{-2}\ d^{-1}$），係数 f_{Cu} は気温 $T \leqq 10$℃のとき $0.126 \cdot (T-10)$，また気温 $T > 10$℃のとき $-0.080 \cdot (T-10)$ である．

屋内環境は屋外環境に比べて相対湿度と塩化物付着量が格段に低く，腐食環境としては緩やかな環境といえる．世界のさまざまな地域（欧州を主として，北南米，アジア太平洋）での屋内外環境における銅の腐食速度の統計的分布（対数正規分布）を図 3.3[3] に示す．図 3.3(a) に示す屋内環境での銅の腐食速度の平均値は，図 3.3(b) に示す屋外環境での銅の腐食速度に比べて約 1 桁低い．一方屋内環境での銅の腐食速度のばらつきは，屋外環境の腐食速度に比べて約 2 桁大きい．ばらつきの原因としては屋外の腐食性ガスの屋内への侵入，屋内での腐食性ガスの発生，空調やフィルタの設置などが挙げられる．

屋内環境は相対湿度と塩化物付着量が低いが，SO_2 以外にもさまざまな腐食性ガスが存在している場合があるため，屋内環境の銅の腐食速度を SO_2 付着量，塩化物付着量および温湿度からだけで推定するのは難しい．実環境で銅板を用いて腐食速度を測定するのが現実的である．

【A：誤り】

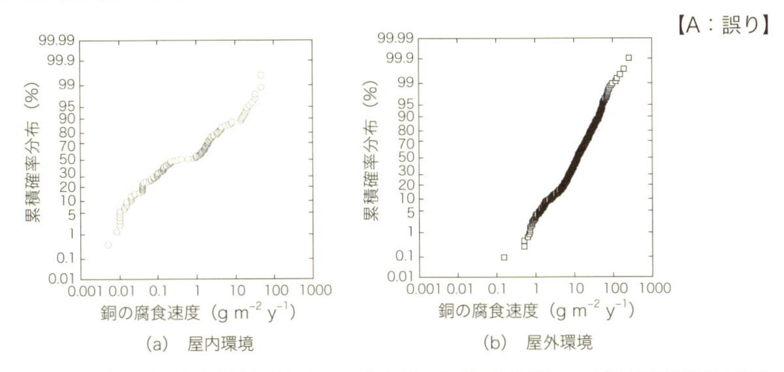

図 3.3　世界のさまざまな地域（欧州を主として，北南米，アジア太平洋）での銅の腐食速度の統計的分布［文献 3）図を改変］

Q23 屋内環境向けの電子機器を屋外環境向けに適用する際や，日本国内向けの電子機器を東南アジア向けに適用する際には，屋内環境や日本国内で実績のある部品を使用している限り，新たに腐食試験を実施する必要はない．

一般的に屋外環境は屋内環境よりも腐食性が厳しい環境であり，銅の腐食度（平均値）で比較すると約 1 桁大きい（Q22 の図 3.3 参照）．屋内環境で実績がある電子機器でも，屋外環境では短期間で腐食障害が発生することが想定されるため，新たに屋外環境に対応した腐食試験を実施するべきである．

東南アジア地域は高温高湿という気象条件に加え，工場や自動車などからの排気ガスに対する規制や対応が十分でないため，日本や欧米に比べると厳しい腐食環境にあるといえる．東南アジア地域では，暴露した銀の腐食速度が日本や欧米に比べて約 4 倍も大きい（図 3.4）[4]．また，開発が急速に進んでいる新興国（たとえば中国，インド）でも大気汚染が進んでおり，SO_2 排出量は 2010 年に比べて 3 倍以上になると予想される（図 3.5）[5]．日本国内や欧米で実績がある電子機器でも東南アジア，また新興国などでは腐食障害が発生することが想定されるため，それぞれの国の環境に対応した腐食試験を実施するべきである（Q48）．

【A：誤り】

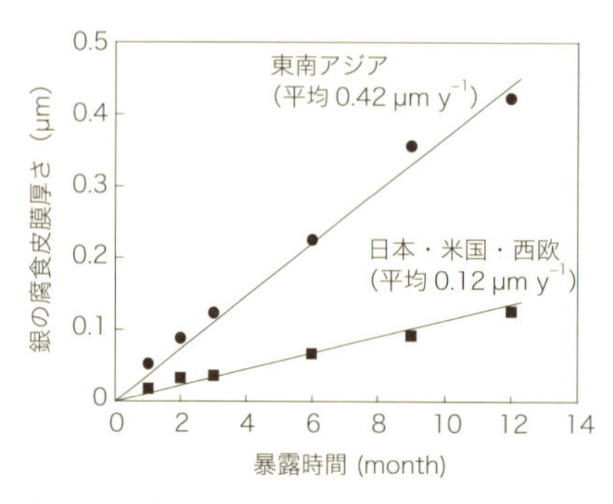

図 3.4 1 年間の屋内暴露により形成された銀の腐食皮膜厚さの比較（日本・欧米 *vs.* 東南アジア）［文献 4）p.139］

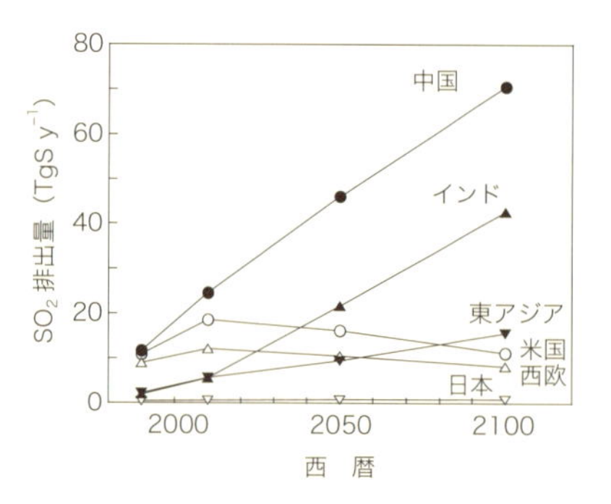

図 3.5 先進国と新興国における SO_2 排出量予測（環境改善なしの厳しめの予測）［文献 5）p.220］

Q24 銅など金属露出部のある電子部品は結露により腐食変色することがあるため，ビニール梱包して保管するのがよい．

ビニール梱包品は昼間と夜間の温度変化が大きいと結露しやすい．たとえば昼間30℃，80% RH の雰囲気で電子部品をビニール梱包したとする．梱包内の空気容積を1 m^3 と仮定すると，この梱包内の空気には 24.3 g（30.4 g×0.80 = 24.3）の水が含まれている（図 3.6(a)）．夜間に気温が下がるとこの梱包内は 26℃付近で露点に達する（図(b)）．さらに気温が 20℃に下がると空気中には 17.3 g しか水蒸気として存在できないため（図(c)），7.0 g の水が電子部品の表面で結露する．この結露水はビニール梱包があるため梱包の外へ放出されるのに数日以上を要し，その間に露出している金属表面を酸化変色させる．とくに銅は通常の大気環境でも容易に酸化する（Q2）ため注意が必要である．

ビニール梱包内の湿度を最適値（たとえば 60% RH 以下）に保持して結露を防止するためには，吸湿剤（シリカゲルなど）の併用が有効である．シリカゲルは吸湿剤自体の重量の 20%（周囲環境の相対湿度が 50%のときのシリカゲル吸湿率）まで水分を吸収できる．梱包内の空気に含まれる水分量の 5 倍以上のシリカゲルを入れておけば相対湿度は 50%以下に維持される．温度および相対湿度が低い環境で梱包すれば，シリカゲルの使用量をさらに減らすことができる．

【A：誤り】

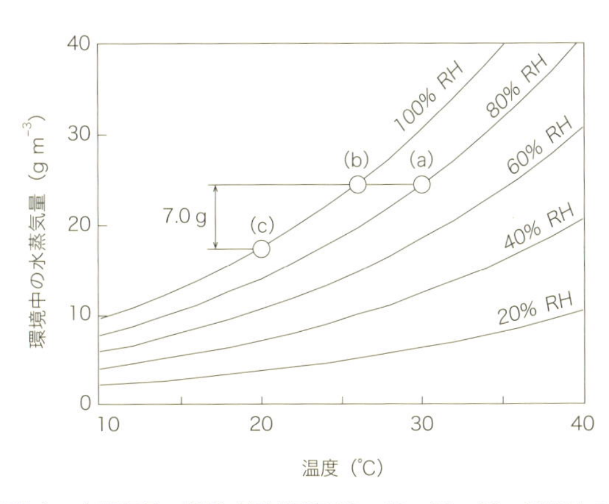

図 3.6　温度と環境中の水蒸気量の関係（相対湿度 20，40，60，80，100%での水蒸気量を記載）

Q25 電子機器内で硫黄加硫ゴムダンパの近くにあるスイッチ（接点材料：銀）の接触不良が多発したため，対策として硫黄以外の有機過酸化物で加硫したゴムダンパに変更した．

ゴム製品の原料となる生ゴムは，数十万程度の平均分子量をもつ曲がりくねった線状の重合体であり，分子同士が互いに絡み合っている（図 3.7(a)）．この状態でゆっくり引っ張ると，生ゴムは多くの場合伸びたまま元に戻らない．そこで，一般的にゴム製品を製造する際には，加硫処理*により弾性を付加する（また耐熱性を向上させる）．添加した加硫剤により分子間に網目のような三次元的化学結合（架橋点：図 3.7(b)）ができ，これが引っ張られた状態は化学的に非常に不安定なため，ゴムを放すと元に戻るのである[6]．

加硫剤は素練りされた生ゴムに混練され，加硫促進剤などとともに高温下で生ゴムと反応する．加硫剤にはさまざまな種類があるが，実績，コスト，特性の面から硫黄(S) が多用されている[6]．硫黄で加硫した場合は，硫黄が生ゴムの炭素間で結合し，架橋点をつくる（図 3.8）．この際に結合に関与しなかった余剰な硫黄（遊離硫黄）がゴム内部に含有されたままで，ゴム製品が出来上がることが多い．ゴム部品が電子機器内に組み込まれた後に，ゴム中の未反応の遊離硫黄は徐々にガス化して銀や銅などの硫化腐食を引き起こす．

電子機器内にゴム部品を使用する際は，硫黄加硫品は極力避けて硫黄以外の加硫剤（有機過酸化物など）で加硫したゴムを使用することが望ましい．

このほかに硫黄を放出する部材としては段ボールがある．段ボールは製造時に硫黄が混入することがあるため，硫黄含有量の少ない段ボールを使用する[7]，もしくは製品を密閉包装した上で段ボールに入れるなどの対策が必要である．

【A：正しい】

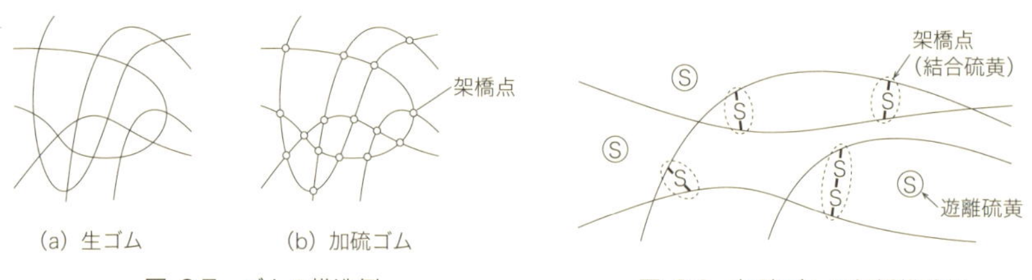

図 3.7　ゴムの構造例

図 3.8　加硫ゴムの架橋構造例

＊　加硫処理とはゴム系材料に硫黄などを添加して架橋反応を起こさせる処理のことである．

Q26 冬期に融雪塩をまいた道路付近に設置されている自動販売機では，筐体の防錆対策は必要であるが，筐体内の電子部品は腐食しないのでその必要はない．

積雪量が多い一部の地域では，道路に融雪塩（塩化ナトリウムあるいは塩化カルシウム）が散布される．自動車では，前方走行車や自車の撥ね水（融雪塩を含む）による車体の腐食が問題になる．同様に道路付近に設置されている自動販売機においても，路上の車による撥ね水があると融雪塩の影響で腐食することがある．融雪塩による筐体の塩害腐食はこまめに水洗いすることでかなり抑制できる．ただし図 3.9 に示すように鋼板端面や重ね合わせ部など塗装の付き周り性が悪い部分や一度水分が浸入すると乾燥しにくい部分で，腐食は著しく促進される．

一方，自動販売機に搭載されている電子部品はほとんどが筐体内に取り付けられているため，直接融雪塩の影響を受けにくい．しかしディスプレイや冷却加熱機構を有する自動販売機（図 3.10）では，パネルの隙間部や熱交換器の強制吸気口から吸い込んだ融雪塩が付着して，筐体や熱交換器とともに電子部品の腐食が促進される．融雪塩の散布地域では，海岸付近（Q16）と同様に塩害に起因した腐食が比較的短期間のうちに発生することがある．この腐食は，硫化水素（H_2S），二酸化硫黄（SO_2），二酸化窒素（NO_2）が含まれる環境でさらに促進される．たとえば山岳の温泉地帯に自動販売機を設置する場合，融雪塩と H_2S，SO_2 など火山ガスとの複合作用による腐食が懸念されるため，とくに銅系材料を用いた電子部品の腐食に注意を要する．

対策としては，密閉型筐体（Q12）やプリント配線板のコーティング（Q60）など，電子部品を外部環境から遮断する方法が有効である．

【A：誤り】

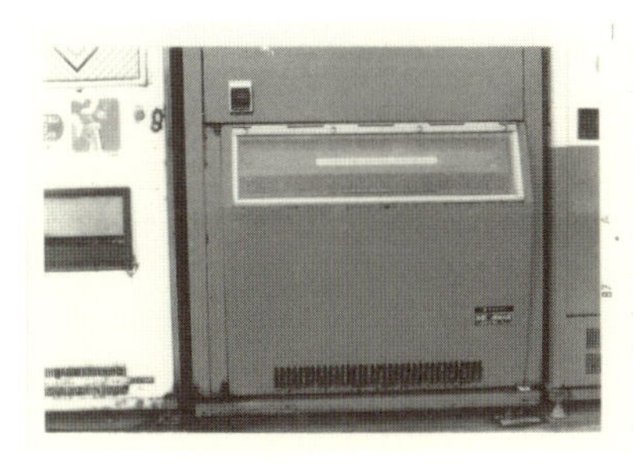

図 3.9　自動販売機の筐体での腐食（写真下部の鋼板端面で腐食が認められる）

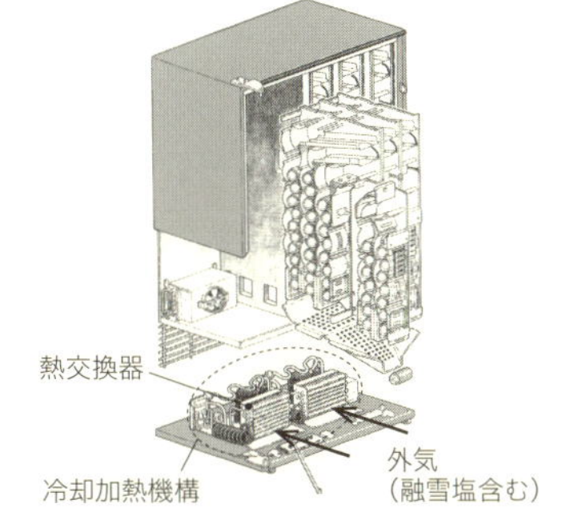

図 3.10　自動販売機の構造（パネルの隙間部や熱交換器の強制吸気口から外気が吸い込まれる．電子部品は前面パネル（表示なし）内に設置されている）

Q27 硫化水素（H_2S）は温泉地で発生するので，都市部や農村部など他の地域では H_2S による腐食障害は発生しない．

温泉地など火山活動のある地域では，H_2S が発生することは容易に想定できる．ただし都市部や農村部でも廃棄物が生じる施設や排水溝を有する施設があれば，H_2S は発生する．廃棄物が生じる施設や排水溝を有する施設としては，厨房のほか食品加工工場が挙げられる．また排水施設としては，都市部の大規模な浄化センタ（下水処理場）のほか農村部にある農業集落排水施設も挙げられる．

ドブ臭（H_2S 臭）がする排水溝付近に，銀めっき接点や銅が露出している部品を置くと黒色化する．この黒色化の原因は，堆積した厨房廃棄物などに含まれるタンパク質の嫌気性分解で発生した H_2S による銀や銅の腐食である．排水溝の堆積物下部では，酸素が不足した状態にあり，嫌気性菌である硫酸還元細菌が廃棄物に含まれる硫黄を還元して H_2S を発生させる．またゆで卵も腐敗すると容易に硫化水素が発生し，銀や銅を腐食させる．卵類や獣鳥肉類のタンパク質は，硫黄を含むアミノ酸（メチオニン，システインなど）を多く含み，嫌気性環境で H_2S を発生させる．したがって，ゆで卵を多量に保存した冷蔵庫では，密閉された腐食環境が形成されるため，コネクタのように金めっき部品であっても短時間で腐食する．

さらに酸素の豊富な好気性環境で生息する硫黄酸化細菌により生成される硫酸（H_2SO_4）が排水や結露水の pH を低下させることも，腐食を促進させる一因となる．下水道管渠や厨房排水の貯留槽では，硫酸還元細菌と硫黄酸化細菌の相乗作用によりコンクリートが劣化する[8)]．

この種の腐食では，硫酸塩還元細菌などの微生物による H_2S 発生がポイントであるが，ほかに温湿度も影響する．一般に温度が高くなると金属の溶解速度は大きくなるものの相対湿度が低下するために，腐食はかえって起こりにくくなる．起動や停止を繰り返す電子機器では，運転時よりもむしろ停止時に部品表面の温度が下がり，結露して腐食が起こることがある（Q13）．

【A：誤り】

Q28 電子部品に付着した塵埃やごみは腐食を誘引させるため，掃除機で吸いとるか水洗して除去するのがよい．

電子部品は小型化・高密度化に伴い，発熱量も増大する傾向にある．高発熱量の電子部品を搭載した電子機器では自然空冷に代わり，冷却能力の高い強制空冷が採用されることが多い．強制空冷方式の機器では，同じ塵埃濃度の環境に置かれた自然空冷方式の機器に比べて 20 ～ 200 倍の塵埃が部品表面に到達することが予想される．塵埃は微粒子でも粗粒子でもほぼすべて付着する（塵埃の付着確率が 1 に近い値をとる）ため，洗浄しなければ継続して蓄積され，環境の塵埃濃度に比例して増加することになる．

図 3.11 は，さまざまな環境で塵埃が付着したプリント配線板に生じたリーク電流に及ぼす相対湿度の影響を示す[9]．ここで清浄基板をブランクとして，合成塵埃は硫酸アンモニウムと硫酸水素アンモニウムを含む合成塵埃，電話局は米国内 4 ヵ所の電話局で蓄積した塵埃，ピナツボ山は 1991 年の噴火時に収集した火山灰（相対湿度依存性が低いのは水溶性の化合物が少ない），クウェートは湾岸戦争の油田火災最頂期に収集した塵埃（黒鉛性炭素の含有率が高いため，電気伝導率が高い）でそれぞれ汚染された基板である．リーク電流は相対湿度に対し指数的に増大していることがわかる．

リーク電流の増大は絶縁不良による回路の誤動作やエレクトロケミカルマイグレーション（Q34 ～ Q37）による短絡を誘引させるため，プリント配線板に付着した塵埃を除去する必要がある．これらの塵埃は掃除機による吸引，洗浄剤による洗浄[10]で容易に除去できる（Q31）．ただし水洗後の腐食を防止するためには，洗浄後の拭き取りとその後の乾燥を十分に行うことが重要である．

【A：正しい】

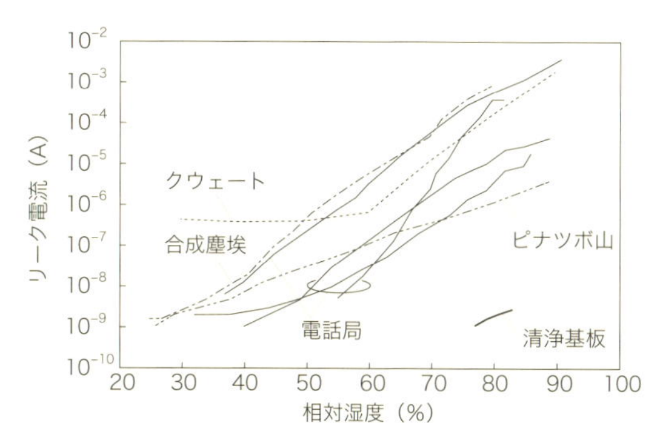

図 3.11　さまざまな環境で塵埃が付着したプリント配線板に生じたリーク電流に及ぼす相対湿度の影響（地名は基板の汚染地を示す）［文献 9）p.3130 図 2 を改変］

Q29 表面に付着した塩粒子は潮解湿度（化学凝縮により凝縮水を生じるときの相対湿度）を下げる効果があり，潮解湿度が低い塩ほど電子部品の腐食にとって危険である．

図 3.12 は各種塩粒子を付着させて決定した潮解湿度の値を示す[11, 12]．潮解湿度の低い塩類による汚染はとくに注意する必要がある．しかし，相対湿度が潮解湿度より高い環境では，水分吸着量は塩粒子の溶解度にも依存するようになる．たとえば塩化亜鉛（$ZnCl_2$）は潮解湿度が 10%であり，塩化ナトリウム（NaCl）は 76%である．しかし，$ZnCl_2$ の溶解度は 4320 g L^{-1} であるのに対し，NaCl は 350 g L^{-1} である．すなわち，NaCl は約 1/12 の重量で飽和水溶液を形成することになる．ただし，同じ量（たとえば 0.01 mg）の塩が付着している場合，飽和溶解度の低い NaCl の水分吸着量（0.029 μL）のほうが $ZnCl_2$ の水分吸着量（0.0023 μL）よりも約 1 桁大きくなる．

【A：正しい，ただし塩の溶解度も影響する】

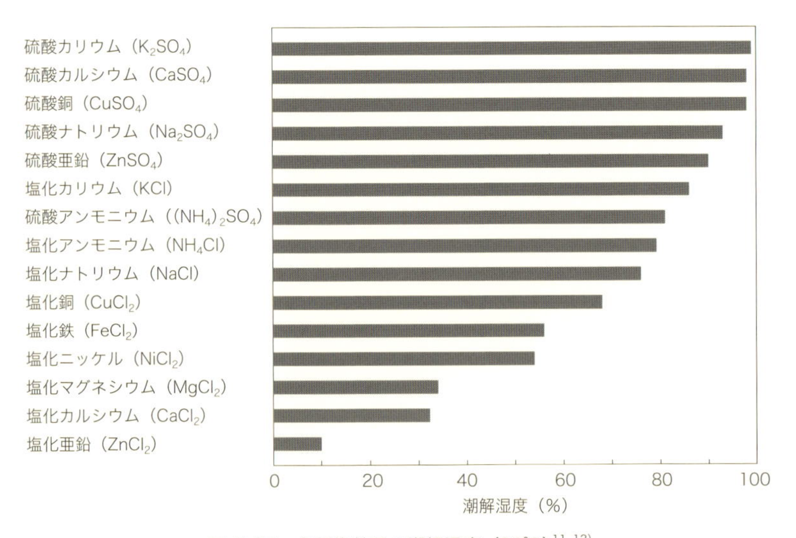

図 3.12　各種塩粒子の潮解湿度（20℃）[11, 12]

Q30 表面に付着した塵埃（非吸湿性）の大きさが腐食に与える影響について正しいものはどれか.

（1） 大きい塵埃ほど凝縮水分が多くなり腐食を促進する.

（2） 塵埃のサイズは関係しない.

（3） 小さい塵埃ほど表面と構成する隙間が小さくなり，腐食が発生しやすくなる.

塵埃の付着に伴う磁気ディスク（Co-Ni 磁性膜）の腐食発生率と付着粒子（ここでは標準粒子として非吸湿性のガラスビーズとアルミナを使用）の粒径の影響を図 3.13 に示す[13)]．腐食発生率は付着粒子の粒径とともに大きくなる．ただし粒径が 0.5 μm 以下では腐食は発生しにくい．表面と粒子の隙間で毛管凝縮が発生しても，腐食損傷を引き起こさせるためには電気化学反応を受けもつのに十分な面積および厚さの水膜（直径数十～数百 μm）が必要なことを意味している．この大きさはアルミニウムの孔食発生に必要な試験片面積（100 μm 角），および樹脂封止半導体のアルミニウム配線の断線を起こすに必要な欠陥サイズ（数百 μm）[14)] と同一オーダであることは興味深い.

【A：(1)】

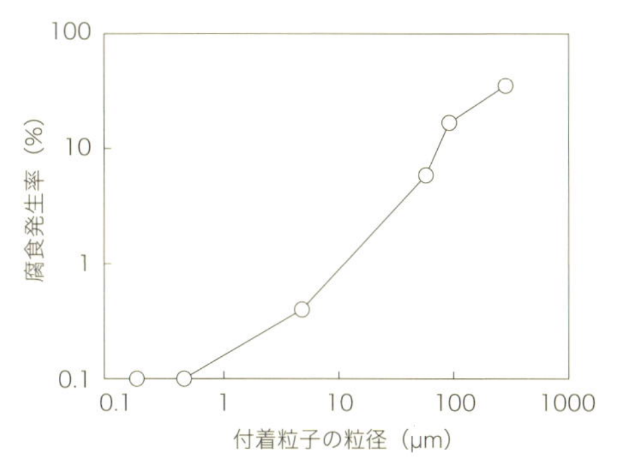

図 3.13 磁気ディスク（Co-Ni 磁性膜）の腐食発生率に及ぼす付着粒子の粒径の影響（腐食発生率は，観察領域の全粒子数に対する粒子外周に腐食が発生した粒子数の割合を表す）［文献 13）p.2552］

Q31 電線やケーブルが燃える火災で電話交換機が大量の煙とすすで真っ黒になった．機器は直接火や消火用の水にさらされていないため現在でも正常に動作している．今後の措置として正しいものはどれか？

(1)　現在正常に動作しているのであれば，外観以外気にする必要はない．

(2)　可能な部分のすすを掃除機で吸引した上で，屋内の相対湿度を 40%未満に保って運用する．

(3)　電話交換機を交換する．

屋内で使用する電線や通信ケーブルの被覆材には，難燃性の観点から主に塩化ビニル樹脂が使用されている．また屋内で使用されているプラスチック製品の中にも塩化ビニル製品が多く含まれている．塩化ビニルは塩素を含む樹脂であり，燃えると多量の塩化水素（HCl）ガスを発生させる（表 3.1[15]）．この HCl が溶け込んだ液は塩酸であり，非常に腐食性が高い．大気中でも金属の表面にはわずかながら水膜が存在するので，このようなガス状の腐食性物質も腐食に大きく影響する．

すすや埃など細かな粒子の集合体が付着していると，毛管凝縮の作用によりすすや埃が付着していない場合と比べて表面に形成される水膜が厚くなる（Q30）．さらに火災によるすすの場合には，一般的な塵埃などで問題となる電解質（塩化ナトリウム（NaCl）や硫酸アンモニウム（$(NH_4)_2SO_4$）など）による腐食促進作用（Q29）に加えて，HCl の影響で水膜が酸性となり，より一層腐食性は強くなる．すすが付着しているとその後も継続して腐食を促進させるため，たとえ現在は機器が正常に作動していても，その後徐々に進行する腐食で故障する可能性が高い．

恒久措置としては電話交換機を交換するのが適切である．ただし電話交換機をただちに交換することが困難な場合には，以下の暫定措置をとるのが実効的である．プリント配線板をはじめ電子部品などのすすを掃除機で吸引する，乾いた布で拭き落とす，または洗浄剤で洗浄する[10]．ただし機器の内部に付着したすすを完全に除去することは困難であることから，屋内の相対湿度を低く（40%未満*）維持して運用する．

【A：(2)，(3)】

表 3.1　1 g の樹脂が燃焼したときに発生するガスの重量（単位：g）［文献 15）表 1 を改変］

発生ガス	燃焼物質		
	塩化ビニル	ポリスチレン	ナイロン
CO	0.229	0.174	0.304
CO_2	0.433	2.192	1.226
HCl	0.496	——	——
NH_3	——	——	0.032

（——：発生せず）

＊　ISO 11844-1 ANNEX D[16] における最も低い相対湿度のカテゴリー（Level I）．

Q32 大気汚染の原因となるガスの電子部品に対する対腐食許容濃度は人に対する対健康許容濃度と同等である.

大気汚染の原因となるガスのうち金属の腐食を加速させるガスとして，SO_2，NO_2，H_2S，O_3，HCl，Cl_2，NH_3 が挙げられる．これらのガスは金属表面に形成された水膜中に溶け込み酸を生成したり，塵埃などの固体成分と反応して硫酸塩や硝酸塩などの化合物をつくり，金属表面に付着して結露を促進させる．さらに酸化剤として腐食に関与する．

表 3.2 に，腐食性ガスの屋内濃度，屋内蓄積速度，許容濃度，発生源についてまとめた．屋内濃度は米国内 6 ヵ所の計算機室内で 1.5 年間にわたり毎月測定した例である[17]．蓄積速度は東京都内で 6 ヵ月間暴露を行い求めた値である[18]．表からわかるように腐食性ガスの値は 1 ～ 2 桁のオーダでばらついている．電子部品に対する対腐食許容濃度は，機器設計のガイドラインに相当する値であり[19]，年平均でおおむね 95%以上の機器設置場所がこの数字以下の値を示し，残り 5%の場所ではこの値以上になる年平均濃度である．機器はこれ以下の濃度には耐え得るように設計すべきという基準値であり，データの蓄積状況や環境の変化に応じて変わり得る値である．

また人に対する対健康許容濃度として，ACGIH（American Conference of Governmental Industrial Hygienists, https://www.acgih.org）の作業環境基準値を示す．ここで注目したいのは，人に対する対健康許容濃度は電子部品に対する対腐食許容濃度に比べておおむね 2 ～ 3 桁ほど高いことである．人には問題ない低濃度レベルのガスであっても，電子部品の信頼性に強く影響する．

【A：誤り】

表 3.2 腐食性ガスの屋内濃度の代表値と許容濃度[17～19]

腐食性ガス	屋内濃度 (μg m^{-3})	屋内蓄積速度 (μg dm^{-2} d^{-1})	許容濃度 (μg m^{-3})		発生源
			電子機器	人	
SO_2	1 ～ 40	5.2 ～ 16.2	66 (0.025 ppm)	5200 (2 ppm)	化石燃料の燃焼
NO_2	3 ～ 60	28.7 ～ 58.7	76 (0.040 ppm)	5600 (3 ppm)	ディーゼルガス 石油ストーブ
H_2S	0.2 ～ 1	0.04 ～ 0.24	2.8 (0.002 ppm)	14200 (10 ppm)	製紙，温泉，下水処理
O_3	7 ～ 65	——	60 (0.030 ppm)	400 (0.2 ppm)	スモッグ，放電
HCl	0.08 ～ 0.3	1.5 ～ 4.7	3 (0.002 ppm)	7600 (5 ppm)	プラスチック燃焼 殺菌，殺虫剤
Cl_2	0.004 ～ 0.015		—	1500 (0.5 ppm)	
NH_3	10 ～ 150	——	0.35 (0.0005 ppm)	18000 (25 ppm)	肥料，人

H3 公開されている環境データ

電子機器の腐食を評価し防食対策を検討するとき，使用される材料とともに腐食環境を把握することは重要である．環境要因としては温度，相対湿度，腐食性ガス，塵埃，海塩粒子が挙げられる．電子機器が設置されている屋内環境は屋内にも腐食性ガスの発生源があり，屋外環境と対応しない場合が多い（Q22，Q23）．ただし対象とする屋内環境データがない場合には，屋外環境データでも屋内環境の状況を把握する手助けになる．

国内の都道府県庁所在地を含む代表的な都市における気象データ（温度，相対湿度など）は，気象庁 HP“各種データ・資料／過去の気象データ検索”（http://www.data.jma.go.jp/obd/stats/etrn/index.php）から入手できる．それ以外の都市におけるデータは，都道府県や市町村 HP で公開されていることがある．海外の気象データは，各国の気象庁で公開されている．

国内の大気汚染物質（二酸化硫黄（SO_2），二酸化窒素（NO_2），SPM（suspended particulate matter：浮遊粒子状物質）など）データは，環境省 HP“大気汚染物質広域監視システム（そらまめ君）”（http://soramame.taiki.go.jp）から入手できる．これらのデータは自動車や工場などから排出される物質による大気汚染を把握する目的で測定されているため，銅や銀の腐食要因である硫化水素（H_2S）は測定項目に含まれていない．

また，世界各国の屋外環境での鉄，亜鉛，銅の腐食データをまとめた資料が公開されている[20, 21]．金属の腐食量に加え，温度，相対湿度，SO_2 付着量，塩化物付着量が併記されているため，地域間の腐食性を評価する際に役に立つ．

参 考 文 献

1) JEITA IT-1004B，産業用情報処理・制御機器設置環境基準，p.55，57（2017）．

2) ISO 9223, Corrosion of metals and alloys—Corrosivity of atmospheres—Classification, determination and estimation（2012）．

3) 石川雄一，第63回東京スガウェザリング学術講演会要旨集，スガウェザリング技術振興財団，p.13（2016）．

4) 田中昌子，平本 抽，田中美和子，野見山敦子，第26回信頼性・保全性シンポジウム発表報文集，**26**，pp.137-142（1996）．

5) T.E. Graedel and C. Leygraf，“Atmospheric Corrosion”，John Wiley，pp.211-226（2000）．

6) 日本ゴム協会 編，“ゴム技術の基礎”，pp.1-3，26-28，日本ゴム協会（1983）．

7) 猪木寛子，青木雄一，田中浩和，山本繁晴，ESPEC技術情報，No.16，pp.1-4（1999）．

8) 中本 至，土木学会論文集，472，pp.1-11（1993）．

9) R.P. Frankenthal，D.J. Siconolfi and J.D. Sinclair，*J. Electrochem. Soc.*，**140**，pp.3129-3134（1993）［許可を得て転載．Copyright 1993，The Electrochemical Society］．

10) 藤堂洋子，山本勝也，環境システム計測制御学会学会誌EICA，**7**，pp.219-222（2002）．

11) N.A. Lange，“Handbook of Chemistry 12th edition”，Section 10，p.10-83，10-84，McGraw-Hill（1978）．

12) 腐食防食協会 編，“金属の腐食・防食Q＆A 電気化学入門編”，pp.198-199，丸善（2002）．

13) 井上陽一，田中勝之，日本機械学会論文集（A編），**57**，pp.2550-2554（1991）．

14) 尾崎敏範，石川雄一，材料と環境，**49**，pp.641-648（2000）．

15) 森本孝克，高分子，**22**，p.191（1973）．

16) ISO 11844-1, Corrosion of metals and alloys —Classification of low corrosivity of indoor atmospheres—Part 1: Determination and estimation of indor corrosivity（2006）．

17) D.W. Rice, R.J. Cappell, P.B.P. Phipps and P. Peterson，“Atmospheric corrosion”，ed. by W.H. Ailor，p.654，Wiley Interscience（1982）．

18) Y.Fukuda, *et al.*，*J.Electrochem. Soc.*，**138**，p.1240（1991）．

19) J.D. Sinclair，“Corrosion Tests and Standards Manual”，ed. by R. Baboian，p.296，ASTM（1995）．

20) スガウェザリング技術振興財団 腐食研究委員会 編，“グローバル大気腐食データベースの構築（1．炭素鋼）”，スガウェザリング技術振興財団（2011）．

21) スガウェザリング技術振興財団 腐食研究委員会 編，“グローバル大気腐食データベースの構築（2．亜鉛・銅）”，スガウェザリング技術振興財団（2013）．

腐 食 の 形 態　4

電子部品に使われる金属材料の腐食は，全面がほぼ同じ速度で均一に腐食する“全面腐食”と，ある特定箇所だけが激しく腐食する“局部腐食”に分けられる．また局部腐食には分類されない“電子部品特有の腐食”がある．これらの代表的な腐食形態をまとめて図 4.1 に示す．

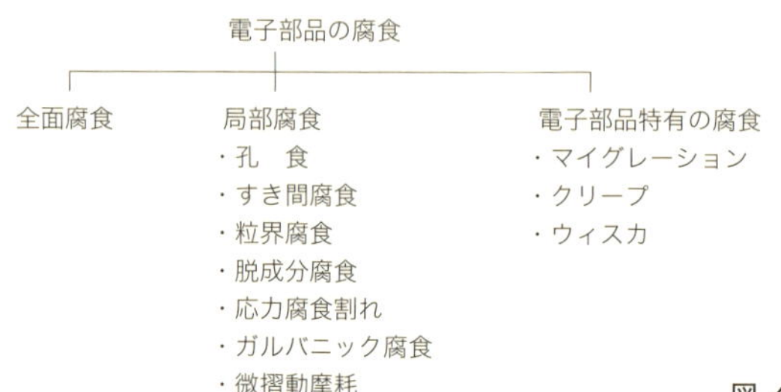

図 4.1　電子部品に関係する主な腐食形態

1. 電子部品特有の腐食

電子部品に特徴的な腐食形態を図 4.2 に示す[1]．電圧が印加された銀や銅電極では，アノードで溶解した金属イオンがカソードに移行，還元されて，金属が析出するエレクトロケミカルマイグレーション（Q34 〜 Q37）が発生する．金めっきでは，最表面の金めっき欠陥部（ピンホール）でニッケルめっきや銅下地が選択的に腐食するポアコロージョン，露出しためっき端部から腐食生成物がめっきや絶縁基板の表面を這うように形成されるエッジクリープ*（Q38）が生じる．ほかにはめっきの圧縮応力に

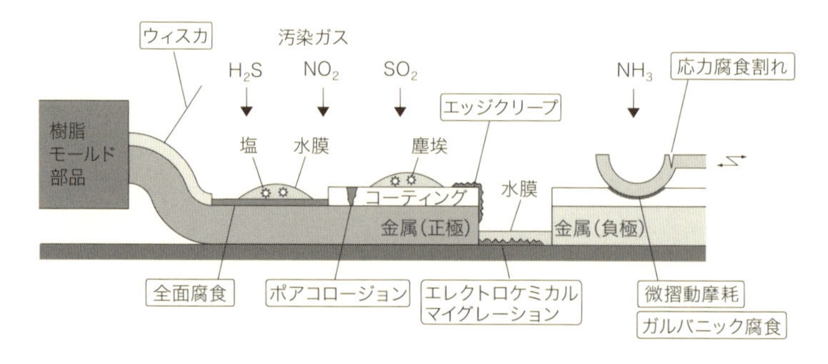

図 4.2　電子部品の腐食形態［文献 1）p.230］

*　クリープ（creep）とは“這い上がり”という意味であり，硫化銅クリープは腐食生成物（Cu_2S）が這い上がる現象である．金属材料に一定荷重を加えたときに起きる変形もクリープとよばれるが，まったく別の現象である．

起因するすずウィスカ（Q39，Q40）や亜鉛ウィスカ（Q41），高濃度還元性硫黄環境で生じる硫化銀ウィスカ（Q42）が挙げられる．

2. 孔　食

実用金属あるいはめっき表面は，不純物元素の偏析や介在物などが存在するため不均一である．このような材料表面に存在する介在物などが起点となり小孔状に進行する腐食形態が孔食である．孔食の成長メカニズムはすきま腐食と同様で，孔食内部がアノード，外部がカソードとなり局部電池を形成して腐食が進行する．

3. すきま腐食

金属 / 金属あるいは非金属 / 金属間の隙間部で，隙間内外に水分が連続的に存在し，かつ隙間内外での物質移動が制限されるような狭い隙間で発生する．隙間内部がアノード，酸素が十分供給される外部がカソードとなり，隙間内外で局部電池を形成することにより腐食が進行する．

4. 粒界腐食

金属の合金成分などが粒界に偏析することで，粒界部がアノード，粒内がカソードとなり，粒界部が優先的に溶解する腐食形態をとる．

5. 脱成分腐食

合金成分の中で標準電極電位が卑な元素が優先的に溶解し，表面がスポンジ状の特徴的な腐食形態をとる．黄銅（銅–亜鉛合金）の脱亜鉛腐食が有名である．

6. 応力腐食割れ

応力と腐食との相互作用により，比較的低い応力（残留応力など）で材料に割れが生じる現象である．銅および銅合金ではアンモニア環境でよく発生する（Q44）．

7. ガルバニック腐食（異種金属接触腐食）

標準電極電位が異なる二つの金属材料が接触すると，標準電極電位が卑な金属がアノード，標準電極電位が貴な金属がカソードとなり電池を形成して腐食が進行する．異種金属の接触により，前者は腐食し，後者は逆に防食される．

8. 微摺動摩耗

不働態化している金属表面が振動や衝撃などの原因により繰り返し摩耗を受けると，不働態皮膜の機械的な破壊と再生が繰り返されるため腐食が加速されることがある．コネクタめっき接点などで起こる可能性のある腐食形態である（Q43）

Q33 マイグレーション*とよばれている現象には，(1) エレクトロマイグレーション，(2) ストレスマイグレーション，(3) エレクトロケミカルマイグレーションがあり，それぞれメカニズムが異なるので対策も異なる.

エレクトロマイグレーション（EM）は，通電（10^5 A cm^{-2} 以上）下で，アルミニウムなど配線材の金属原子が高電流密度を担う電子の衝突により電子の流れ方向に移動することで，ボイド（図 4.3[2)]）やヒロック（半球状突起）を発生させる現象である[3)].

ストレスマイグレーション（SM）は，アルミニウムなど配線材が層間絶縁膜および保護膜との熱膨張率差などによって引張応力を受け，アルミニウム原子が応力勾配に沿って移動することによりボイドを発生する現象である（図 4.4[2)]）．EM と同様に配線の微細化で顕在化してきた現象である.

エレクトロケミカルマイグレーション（ECM）は，水分の存在下で端子間に電圧を印加したとき，アノードでイオン化した金属がカソードに移動して再び金属として析出し，電極間が短絡する現象である．加速条件として，① 相対湿度，② 温度，③ 電界強度，④ イオン性不純物による汚染が挙げられる.

【A：正しい】

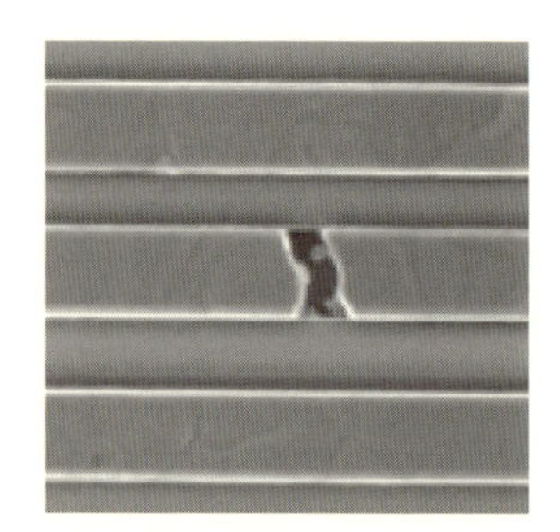

図 4.3 エレクトロマイグレーションの発生事例（アルミニウム配線ボイド）[文献 2) p.3-10]

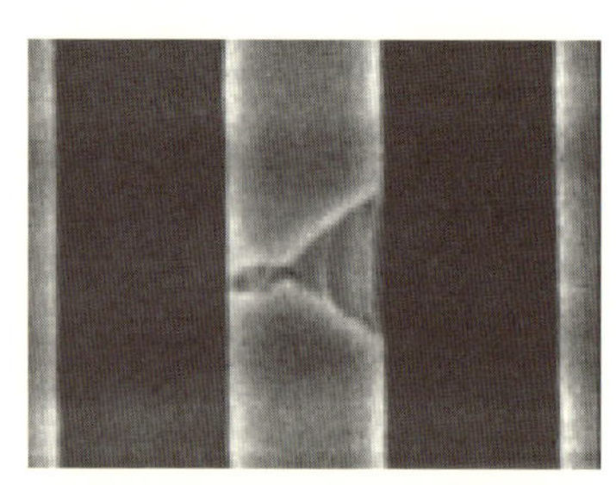

図 4.4 ストレスマイグレーションの発生事例（アルミニウム配線ボイド）[文献 2) p.3-11]

* マイグレーションとは，電界が関与して粒子が移動する現象であるが，拡散などにより引き起こされる移動現象も広義の意味でマイグレーションとよぶ.

Q34 エレクトロケミカルマイグレーション（ECM）は水分と電界が共存する環境で発生する．銀が最も ECM を起こしやすく，銀合金，銅合金，すず合金などでも発生する．

ECM は水膜が形成された電極間に電界がある環境で発生する．アノードで金属が水膜中にイオン化して溶出し，カソードで析出する現象で，耐電圧低下や短絡などの障害の原因となる．溶解した金属イオンは多くの場合，乾燥などで水膜が消滅することにより酸化物または水酸化物として析出し，カソードに到達する前に移動を停止する．長時間継続して水膜が形成される環境が整うと，溶解した金属イオンがカソードに到達して，デンドライト状（樹木の枝のよう）に純金属として析出する．図 4.5[4] にデンドライト状の ECM の発生事例を示す．

表 4.1[5] に ECM に影響する因子をまとめて示す．銀が最も ECM を起こしやすく，ついで銀合金，鉛，銅および銅合金も起こしやすい金属である．溶解度積が小さい金属ではイオン化した金属が速やかに水酸化物または酸化物となるため，ECM は停止しやすい（成長しにくい）[6]．鉛は RoHS 指令により使用が禁止されているが，RoHS 指令の施行以前の機器や適用除外製品のはんだ材として使用されていることがある．鉛はすずより耐 ECM 性は低いため，鉛はんだを使用している機器では引き続き ECM に対する注意が必要である．

【A：正しい】

図 4.5　エレクトロケミカルマイグレーションの発生事例[4]（銀デンドライト状）

表 4.1　エレクトロケミカルマイグレーションに影響する因子［文献 5）表 4.21 を改変］

因　子	エレクトロケミカルマイグレーション（ECM）への影響
導体材料	ECM 感受性は下記の通り 起こりやすい順：Ag ＞ Pb ≧ Cu ＞ Sn ＞ Au
前処理	Ag_2S，Cu_2O，Cu_2S，PbS などの皮膜形成により抑制可能
基板の種類	紙フェノール基板が速度大 吸湿性の大きいものほど速度大
汚染物質	水分の凝縮を助長するとともに電解質の電気伝導率を上げ促進 金はハロゲン化物がないと起こさない

Q35 プリント配線板でエレクトロケミカルマイグレーション（ECM）に対する加速試験を実施するにあたり，加速試験の劣化形態が実動作時と同じであることを確認できたため，実動作時よりも高電圧条件で加速試験を実施した.

ECMの成長は，電界強度（印加電圧/電極沿面距離），温度，相対湿度に依存する.電圧を高く設定すれば電界強度も高くなりアノードでの金属の溶解が促進され，さらに電極間の電界によりイオンの移動が加速されるため，ECMの進展が促進される.ECMによる故障時間 t_r（h）に及ぼす電界強度 E（V mm^{-1}）の影響を図4.6[7]に，またその経験式を式(4.1)に示す[8].

$$t_r = K_E E^{-n} \tag{4.1}$$

ここで，K_E および n は定数である．係数 n は絶縁材料や金属材料の組合せによって決まる値であり，使用範囲のさまざまな電界強度での試験により実験的に求める.

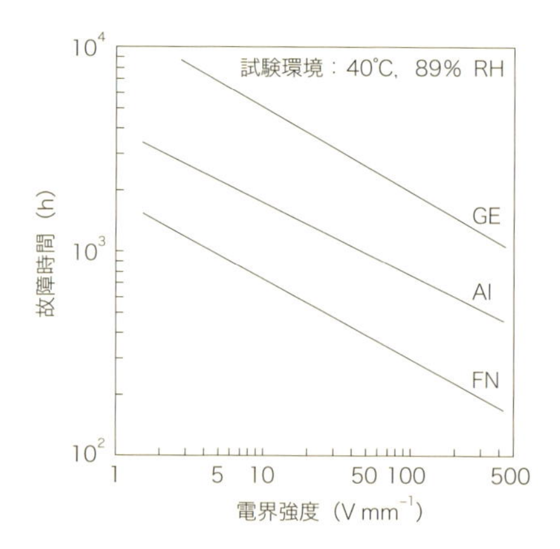

図4.6 エレクトロケミカルマイグレーション故障時間に及ぼす電界強度の影響（導体電極：Ag導電塗料，Al：アルミナ基板，FN：フェノール基板，GE：ガラスエポキシ基板）［文献7）p.152 第7図を改変］

相対湿度や温度についても電界強度と同様の考え方で加速することが可能である.ECMによる故障時間 t_r に及ぼす温度の影響を図4.7(a)[7]に，またその経験式を式(4.2)に示す[8].

$$t_r = K_T \exp\ (E_a / k_b T) \tag{4.2}$$

ここで，E_a は活性化エネルギーに相当する値，k_b はボルツマン定数，K_T は定数，T は絶対温度である.

ECMによる故障時間 t_r に及ぼす相対湿度の影響を図4.7(b)[7]に，またその経験式を式(4.3)に示す[8].

$$t_r = K_H H^{-m} \tag{4.3}$$

ここで，H は相対湿度，K_H および m は定数である．

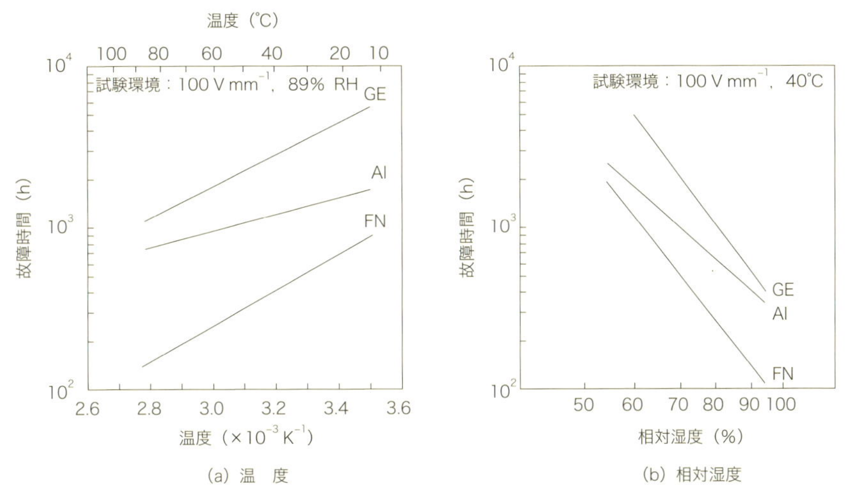

図 4.7 エレクトロケミカルマイグレーション故障時間に及ぼす影響（導体電極：Ag 導電塗料，Al：アルミナ基板，FN：フェノール基板，GE：ガラスエポキシ基板）［文献 7）p.154 第 11 図〈(a)〉，p.152 第 8 図〈(b)〉を改変］

題記のように実動作時よりも高電圧条件で加速試験を実施する場合，設定電圧を高くしすぎると放電や絶縁破壊などの別の現象が支配的になることがある．加速試験条件を決定するにあたっては，実稼動環境での劣化形態と加速試験環境での劣化形態が同じであることを確認することが重要である．

【A：正しい】

Q36 エレクトロケミカルマイグレーション（ECM）は，デンドライトとよばれる樹木の枝のような金属析出物がカソードからアノードに向かって成長する形態以外に，プリント配線板の内層でアノードからカソードに向かって成長することがある．

ECMでは，一般的には樹枝状の金属析出物がカソードから成長する形態の事例（図4.8(a)[9]）が多い．アノードで溶解したイオンがカソードに到達する前に酸化物や水酸化物として析出し，アノードから析出物が成長することもある[8]．また，形状が樹枝状ではなく雲状・橋状に成長することもある[8]．

上記の事例以外に，CAF（conductive anodic filaments）とよばれるECMの形態もある（図4.8(b)[9]）．図中で交互に並んだ黒い部分が電極であり，色の薄い部分が樹脂である．樹脂の部分でアノードからカソードに向い広がって見える影のような部分がCAFとよばれるマイグレーションである．CAFは樹脂中に分散されたガラス繊維などの表面に沿って成長する．またデンドライトの場合と異なりアノードからカソードに向かって成長する．CAFがアノード側から成長するのは，アノードで溶解した金属イオンが繊維表面に沿って移動し，カソードに到達する前に繊維表面に金属もしくは酸化物・水酸化物として析出するためである[8]．樹脂と繊維の界面に水が浸入することが原因であり，樹脂と繊維の濡れ性改善（密着性向上）が有効な対策となる．

上記のようにプリント配線板ではさまざまな形態のECMが発生する可能性があるため，絶縁不良が発生したプリント配線板に対してECMの発生の有無を調べる場合はプリント配線板表面のアノード，およびカソード周辺，さらに内層を観察して判断する必要がある．

【A：正しい】

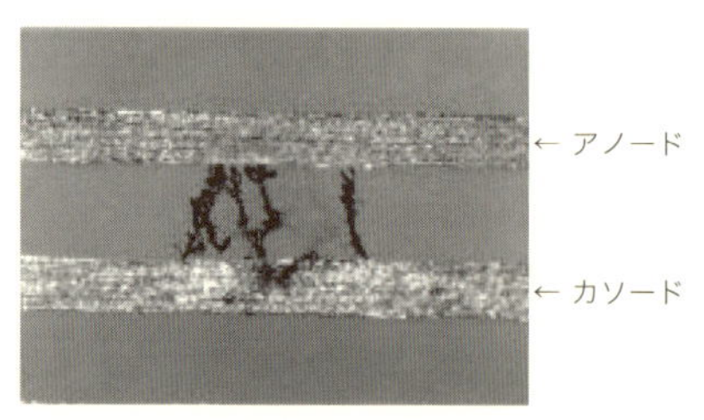

(a) デンドライト（銅）
この例ではカソードからアノードに向って成長している．

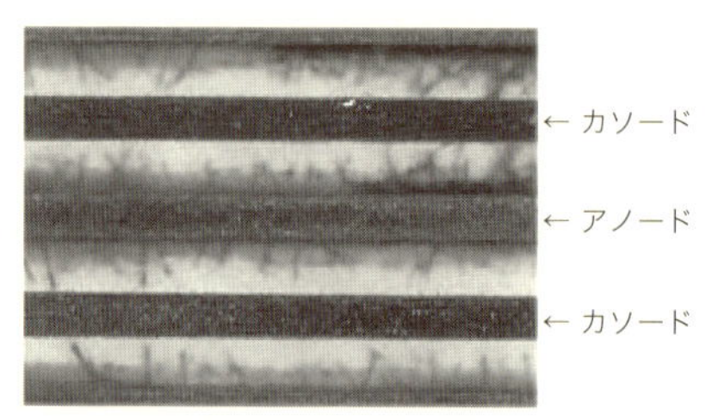

(b) CAF（銅）
アノードの回りにしみのように見えるのがCAF
アノードからカソードに向かって成長している．

図 4.8 エレクトロケミカルマイグレーションの形態［文献9）写真1〈(a)〉，写真2〈(b)〉を改変］

Q37 銀は最もエレクトロケミカルマイグレーション（ECM）を起こしやすい金属なので，すず-銀系はんだは，従来のすず-鉛系はんだより耐 ECM 性が低い．

ECM が発生するためには，① アノードにおける金属のイオン化と溶出，② 金属イオンのカソードへの移動，③ カソードにおける金属イオンの還元析出という過程が必要である（Q71）．各過程の起こりやすさは元素により異なる[10]．したがって合金における ECM の発生しやすさは，合金を構成する元素の単純な平均とはならない．いろいろな種類の元素で構成されたすず系はんだでは，耐 ECM 性を実測して比較する必要がある．

各種すず系はんだにおける ECM による短絡（電流の急激な増大）時間を図 4.9[11]に示す．短絡時間は従来の Sn-Pb 共晶はんだが最も短く，すず系はんだのほうが長い傾向にある．また Sn-Zn 系はんだが耐 ECM 性に優れている．単体では最も ECM を発生しやすい銀を含む Sn-Ag 系はんだは，中間的な耐 ECM 性を示しているのは興味深い．

【A：誤り】

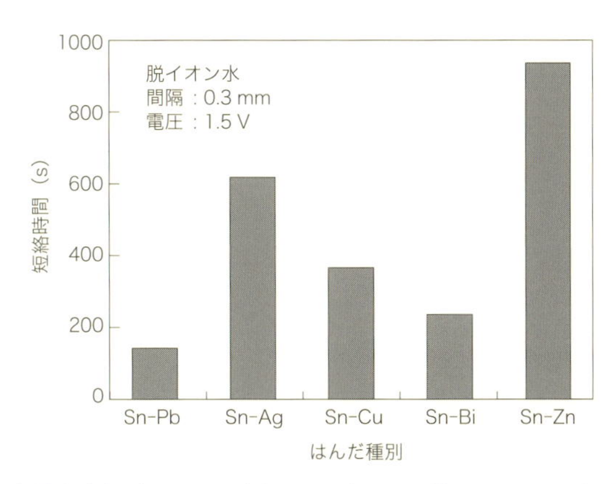

図 4.9 各種すず系におけるエレクトロケミカルマイグレーションによる短絡時間
［文献 11）図 5 を改変］

Q38 温泉地に設置した電子機器のプリント配線板の貫通ビア（多層基板の層間を接続する貫通穴の銅配線）で発見した腐食による変色（図4.10）は，それほど早く進行しないものと考えそのまま放置した．

使用材料の組合せ（金めっきされた銅配線）と写真（図 4.10）に見られる腐食形態から，硫化銅クリープが発生しているものと考えられる．エッジクリープは，めっき端面の下地露出部が優先的に腐食して，またポアクリープはめっき膜表面の欠陥部（ピンホール）の下地露出部が優先的に腐食して，その腐食生成物が這上がる現象である．プリント配線板の貫通ビアホールにおける硫化銅クリープ現象の模式図を図 4.11 に示す．

硫化銅クリープは，還元性硫黄たとえば硫化水素（H_2S）の濃度や大気中の水分に加え，金めっきと銅配線とのガルバニック腐食により促進される．すなわち，クリープは下地金属がめっき膜に比べ優先溶解しやすい材料の組合せで生じる．Au/Cu の組合せでは，飽和硫黄蒸気（40°C，100％ RH）環境中での硫化銅クリープの進行は 1 ～ 2 mm/100 日間程度と速い[12]．

以上のように硫化銅クリープは進行が速いため，そのまま放置せずに以下の対策を講じる必要がある．めっき膜/下地材料の組合せ（標準電極電位差が小さい組合せ）に配慮して，Au めっきに換えて Sn めっきを使用する，または Cu 下地に換えて Cu-Ni や Cu-Zn を使用するとよい[12]．環境面での対策として，フィルタを設置して H_2S 濃度を低減させること（Q63）も有効である．

【A：誤り】

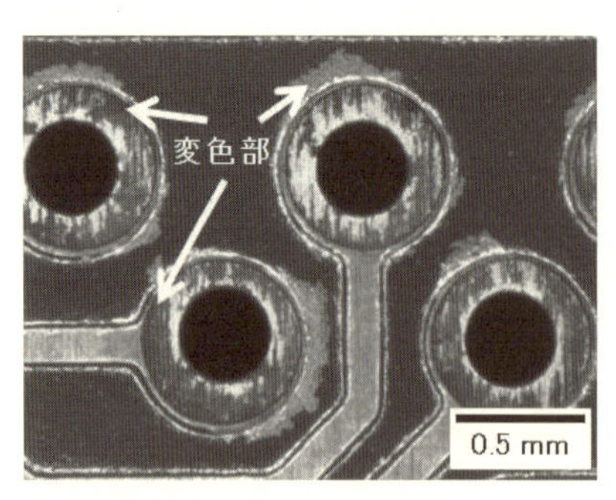

図 4.10　プリント配線板の貫通ビア部で発生した腐食状況

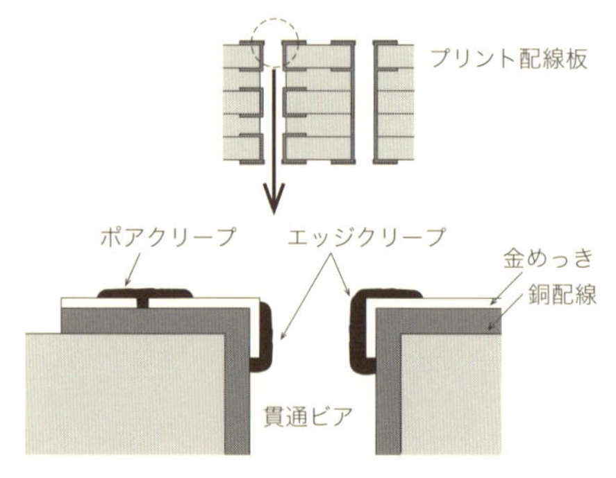

図 4.11　プリント配線板の硫化銅クリープ現象の模式図

Q39 すずめっきのウィスカは，発生までの潜伏期間が数ヵ月と長い場合もあるので，電子機器の使用後数ヵ月の間にウィスカ発生がなかったとしても安心はできない．

ウィスカとは応力緩和現象の一つであり，すずめっきや亜鉛めっきなどから細い針状の金属析出物が成長する現象である．析出物の形状が猫のひげに類似していることから，ウィスカ（whisker）とよばれている．すずウィスカは，ウィスカ発生要因である応力の種類により，内部応力型（Cu_6Sn_5 化合物形成による圧縮応力など），外部応力型（コネクタなどの接点圧），腐食型などに分類されている[13]．

図 4.12[13] に内部応力型ウィスカの写真を示す．また，図 4.13[14] に，すずめっき黄銅板における内部応力型ウィスカの発生と成長挙動を示す．一般的に，すずウィスカは数日～数ヵ月程度の潜伏期間を経た後，1 ～ 5 μm h^{-1} の速度で成長する[14]．したがって，製造後あるいは使用開始後から数ヵ月経過した電子機器において，ウィスカの発生またはウィスカに起因した症状の発生が見られなかったとしても，いまだ潜伏期間内であることも十分考えられる．いずれウィスカ問題を引き起こす可能性を含んでいる．しかし，いったんウィスカの成長が始まった後は，比較的短時間で成長を停止する．ウィスカの発生が確認された後しばらくたっても不良症状（短絡など）が現れなければ，ウィスカが問題となる可能性は低い．

すずウィスカを防止する方法として，下地めっきの変更（抑制効果はニッケルが最大，ついで銅），すずめっき浴に低応力光沢剤の使用，リフロー処理の実施（Q40）などが有効である．またすずの絶対量を少なくしてウィスカ成長を抑制する薄すずめっき（0.5 μm 程度）による対策もある．

【A：正しい】

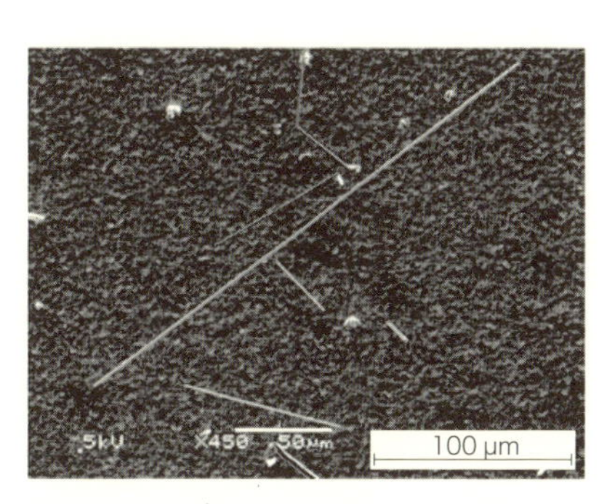

図 4.12 すずめっきに発生した内部応力型ウィスカ［文献 13）p.678］

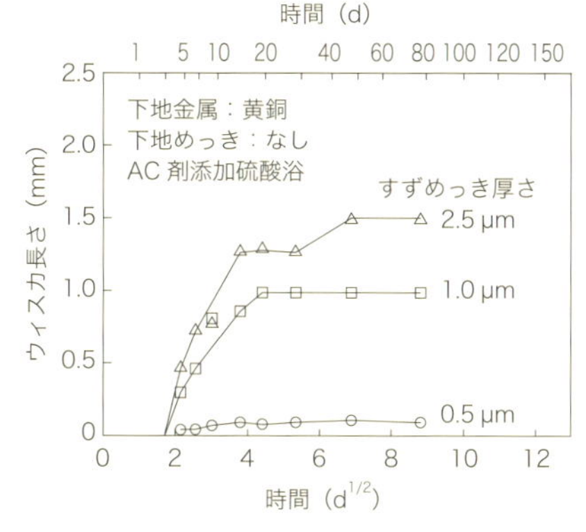

図 4.13 すずめっき内部応力型ウィスカの発生と成長挙動［文献 14）p.167］

Q40 すず系（鉛フリー）はんだめっきは，以前使用されていたすず-鉛はんだめっきと同様に，ずず合金めっきであるので，ウィスカはほとんど発生しない．

すず系めっきには，Sn に Ag，Zn，Bi などを添加した合金が使用されている．Sn と Pb の合金である従来のはんだめっきは Pb の添加量とともにウィスカは発生しにくくなり，5 wt%以上でウィスカはほとんど発生しない．

各種のすず系めっきを施したコンデンサおよびコイルのチップ部品について，熱衝撃試験後のウィスカ発生状況を調査した結果を表 4.2 に示す[15]．実装前の部品単体では，Sn-Ag，Sn-Bi，Sn-Cu のいずれのめっきにもウィスカが発生した．一方，はんだペーストでリフロー実装した後に同様の熱衝撃試験を行った結果を表 4.3 に示す[15]．部品がプリント配線板に実装された後ではウィスカの発生は少なくなり，発生しても短いノジュール（塊状突起）になっている．リフロー処理によりウィスカ発生要因の一つである内部残留応力が緩和されるため，ウィスカの発生が抑制されたと考えられる．

すず系めっきではウィスカが発生するが，リード部へのめっきなどの場合は実装時のリフロー処理によりウィスカ発生を抑制できる可能性が高い．ただし FPC（flexible printed circuits），FFC（flexible flat cable）やそのコネクタ端子へのめっきの場合，嵌合による外部応力が常時加わるため，たとえリフロー処理がされていてもウィスカが発生する可能性が高いので注意が必要である．

【A：誤り】

表 4.2 実装前チップ部品単体の熱衝撃試験（−55/＋125℃ /500 サイクル）後のウィスカ発生状況（1608：1.6 mm×0.8 mm，1005；1.0 mm×0.5 mm，チップ部品の寸法を表す）［文献 15）p.142 表 2 を改変］

めっき	Sn		Sn-Ag		Sn-Bi		Sn-Cu		Sn-Pb
メーカ	1	2	1	3	2	3	4	2	1
コンデンサ (1608)	B	—	B	C	E	B	AA	C	B
コイル（1608）	—	A	AA	—	D	—	AA	—	—
コイル（1005）	—	C	AA	—	E	—	AA	—	—

ウィスカの発生：多い AA ＞ A ＞ B ＞ C ＞ D 少ない，E：発生せず．—：未実施．

表 4.3 はんだリフローによりプリント配線版に実装したチップ部品の熱衝撃試験実施後のウィスカ発生状況［文献 15）p.142 表 4 を改変］

めっき		Sn	Sn-Ag	Sn-Bi	Sn-Cu	
メーカ		1	1	2	4	2
はんだペースト	Sn-3.4Ag-0.8Cu	B	E	E	B	C
	Sn-3Ag-3Bi-0.7Cu	D	E	D	C	D

ウィスカの発生：多い AA ＞ A ＞ B ＞ C ＞ D 少ない，E：発生せず．

Q41 計算機室床下の支柱部材（亜鉛めっき鋼材製）に亜鉛ウィスカが発生することが懸念されたが，計算機室の設置空間と床下空間は床材で分離されているので，亜鉛ウィスカが発生しても悪影響を及ぼすことはない．

計算機室には空調機器が設置され，空調機器から室内に送られた冷気でサーバを冷却している．計算機室と床下の空間は床材によって分離されているので，床下の支柱部材表面で発生した亜鉛ウィスカ（図 4.14[16)]）が，計算機室に侵入してサーバのプリント配線板を短絡させる可能性は低い．ただし発熱量が大きいサーバでは，空調機からの冷気を床下から計算機室内のサーバ内に送り，効率よくサーバを冷却する方式が採用されている（図 4.15）．このような構成の計算機室では，床下の支柱に発生したウィスカが冷風により飛散して，サーバ内に侵入する可能性がある．飛来した亜鉛ウィスカ（良導体）がプリント配線板などの電極間を跨いで付着して，短絡障害を引き起こした事例が報告されている[17)]．

亜鉛ウィスカによる障害を防止するためには，計算機室で使用する建築部材にウィスカフリーの電気めっき（めっき浴の改良，光沢剤の変更などめっき処理工程で対策）鋼材[16)]，溶融亜鉛めっき鋼材，ニッケルめっき鋼材，または塗装鋼材を採用することが有効である[18)]．

【A：誤り】

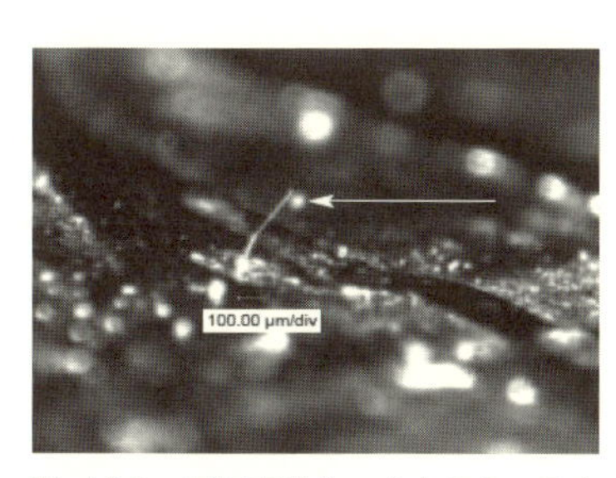

図 4.14 電気亜鉛めっき上のウィスカ
［文献 16）p.19］

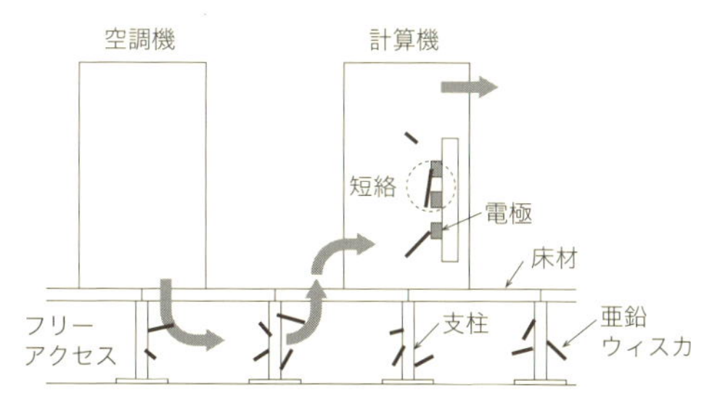

図 4.15 亜鉛めっきウィスカによるサーバ故障発生状況

Q42 断線故障したチップ抵抗を調査したところ，チップ抵抗の電極と保護膜の境界付近に硫化銀ウィスカが認められたため，チップ抵抗全面をコーティングした．

チップ抵抗は抵抗体と内部電極（銀電極）をスクリーン印刷で形成し，抵抗体を保護膜で被覆した後，銀の内部電極をすずめっきで被覆する．表面実装部品であるチップ抵抗は，リフロー処理などによりプリント配線板にはんだ接続される．この実装時の熱ストレスにより，チップ抵抗の保護膜とすずめっきとの界面に隙間が生じることがある．環境中の還元性硫黄（H_2S，S_8 など）が隙間内に侵入すると，銀の内部電極が腐食した後に，硫化銀ウィスカが成長する（図 4.16[19]）．硫化銀ウィスカの成長に伴い，銀が銀イオンとして先端部へ拡散することでウィスカ根元部の銀が枯渇した（空洞を生じた）結果，銀の内部電極が断線して故障に至る．

対策としてはチップ部品の保護膜とすずめっきとの界面に生じた隙間をコーティング材で被覆すること[20]（Q60）が有効である．これにより硫化ガスの侵入を防ぐとともに硫化銀ウィスカの成長を抑制する効果が期待できる．内部電極に硫化しにくい材料（たとえば銀パラジウム（Ag-Pd）合金（Q64））を使用した耐硫化タイプのチップ抵抗を使用するのも有効である．環境側の対策としてフィルタにより還元性硫黄を除去する方法（Q63）もある．

【A：正しい】

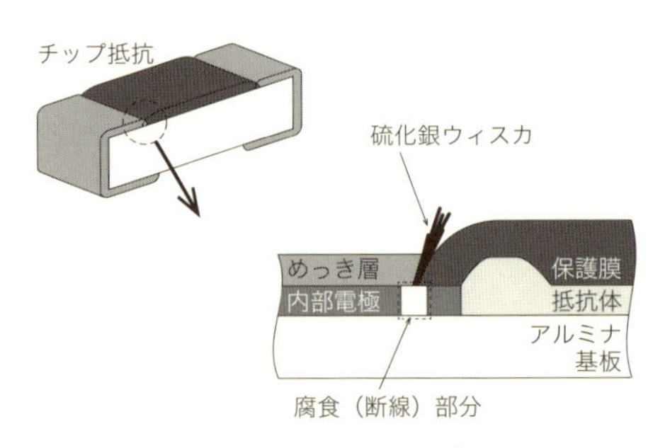

図 4.16　硫化銀が生成したチップ部品の断面模式図［文献 19）図を改変］

Q43 車載機器用のコネクタで金めっき接点を使用していたが，コストダウンのため，すずめっき接点に変更した，すずめっきは，金めっきと同様に接点にはよく使用される材料なので，特別な評価を行う必要はない．

すずめっきは，接点材料としては一般的に使用されているが，微摺動摩耗というすずめっき固有の不良現象が生じることがある．微摺動摩耗は，接点が振動や衝撃などにより微小な摺動を起こし，その摺動の繰り返しにより生成する強固な酸化皮膜に接点が乗り上げて接触不良となる現象である．図 4.17 に示すように，接点部に目視でも確認できる黒色の酸化物が確認できること，図 4.18 のように走査電子顕微鏡（SEM）でウロコ状の表面が観察されるのが特徴である．一般的な接点の接触不良は長期間使用されない間に腐食が進んで接触不良に至ることが多いが，微摺動摩耗の場合は連続使用している際に突然接触不良になることも特徴の一つである．

車載機器の場合の微摺動は，自動車の走行時の振動が原因となる．また据置型の機器ではハードディスクドライブや光ディスクドライブの動作振動が原因となった例もある．

振動や衝撃が加わる接点にすずめっきを使用する場合は，ハンマーショック試験[21]などで耐微摺動摩耗性を評価する必要がある．車載機器においては，過去にすずめっきを使用した接点で微摺動摩耗による接触不良が問題となったことを受け，一般的には金めっき接点が採用されている（Q6）．

【A：誤り】

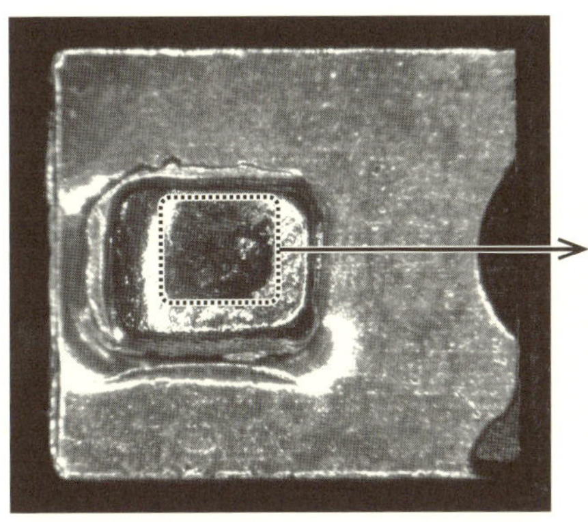

図 4.17　微摺動摩耗を起こした接点の光学顕微鏡写真（点線で囲った箇所が堆積した酸化物）

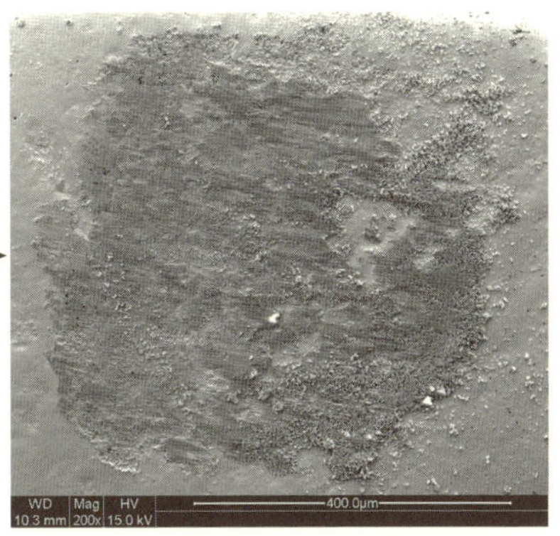

図 4.18　図 4.17 の黒色部の SEM 写真

Q44 自動車用コネクタ端子の接点で割れが発生した．周囲雰囲気にはアンモニアが発生する要因が認められなかったため，応力腐食割れではないと判断した．

自動車用コネクタ端子の接点では，ばね性に優れるCu-Zn系合金（黄銅），Cu-Sn系合金（りん青銅），Cu-Ni-Zn系合金（洋白）などの各種銅合金が使われている．銅合金では，アンモニア（NH_3）環境下で，応力腐食割れ（stress corrosion cracking：SCC，または時期割れ（season cracking）とよばれる）が発生することが知られている．

銅のSCCは，アンモニアだけでなく，水蒸気，窒素化合物（アミン）などの環境下でも起こる[22]．また大気中の塵埃もSCCの発生要因になり得る．塵埃中に含まれる水溶性成分（$NaNO_3$）によりワイヤスプリングリレーのばねがSCCで折損した結果を図4.19[23]に示す．洋白線はZnの含有量が多いほど，SCC感受性が高い．黄銅でもZn含有量が多いとSCCが起こりやすい．

また，純銅でもSCCは発生する．引張応力下では，銅自体は割れなくても表面に形成されるCu_2O皮膜またはCuO皮膜のみが割れ（酸化銅が母材の銅に比べて脆いため），割れの先端の銅が溶解，さらに酸化皮膜の再生と破壊を繰り返すことで割れが進行する（変色皮膜破壊機構）[24]．

SCCを回避するためには，SCC感受性の小さい材料（黄銅の場合は図4.20[25]に示すようにZn含有量が少ない材料）を選択する方法や，負荷応力（残留応力＋外力）を減少させる方法がある．購入部品では材料の変更や負荷応力の低減対策は，現実的に難しいため，腐食環境を緩和することが有効である．

【A：誤り】

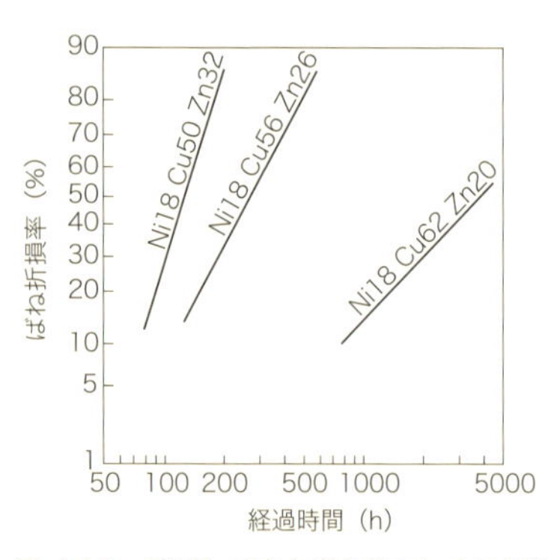

図 4.19　線ばねの応力腐食割れによる折損
［文献23）図76を改変］

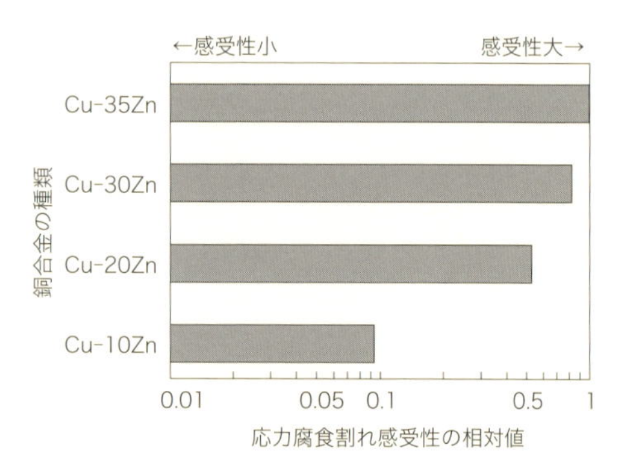

図 4.20　アンモニア蒸気中における黄銅の応力腐食割れ感受性（Cu-35Zn合金の破断時間を1とした場合）［文献25）図6を改変］

参 考 文 献

1) 南谷林太郎，材料と環境，**65**，pp.229-236（2016）.
2) ルネサス エレクトロニクス，信頼性ハンドブック Rev. 2.50，p.3-10，3-11（2017）.
3) J.R. Black，*IEEE Trans. on Electron Devices*，ED-16，pp.338-347（1969）.
4) 青木雄一，田中浩和，山本繁晴，小幡 修，ESPEC 技術情報，No. 1，p.2（1995）.
5) 腐食防食協会 編，“材料環境学入門”，p.115，丸善（1993）.
6) S. Zakipour and C. Leygraf，*J. Electrochem. Soc.*，**133**，pp.21-30（1986）.
7) 柳沢 武，加納享一，電子総合技術研究所彙報，**47**［3］pp.152，154（1983）.
8) 電気学会・イオンマイグレーションの発生特性と防止方法調査専門委員会 編，プリント基板の試験と評価―イオンマイグレーション現象とその対策―，pp.19-24，118-120（2007）.
9) 猪木寛子，田中浩和，青木雄一，山本繁晴，ESPEC 技術情報，No. 18，p.1（1999）.
10) 西浦正孝，徳舛弘幸，村尾正子，森本 暁，エレクトロニクス実装学会誌，**4**，pp.293-297（2001）.
11) 吉原佐知雄，エレクトロニクス実装学会誌，**4**，p.269（2001）.
12) 志賀章二，柴田宣行，須田英男，谷川 徹，岩瀬扶佐子，小山 斉，古河電工時報，**79**，pp.93-104（1986）.
13) 菅沼克昭，表面技術，**63**，p.677-680（2012）.
14) 志賀章二，鈴木 智，加藤人士，成瀬 正，古河電工時報，**73**，p.165-175（1981）.
15) 遠藤貴志，阿部寿之，中村喜一，第 9 回マイクロエレクトロニクスシンポジウム論文集，pp.141-144（1999）.
16) 日立金属技報，**21**，p.19（2005）.
17) 菅沼克昭，表面技術，**59**，pp.210-217（2008）.
18) “コンピュータ室用フリーアクセスフロアの電気亜鉛めっきウイスカ対策ガイド”，フリーアクセスフロア工業会（2002）.
19) JEITA RCR-2121B, 電子機器用固定抵抗器の安全アプリケーションガイド, p.25（2015）.
20) 安井 徹，伊藤貞則，REAJ 誌，**24**，pp.761-766（2002）.
21) 防錆・防食技術総覧編集委員会 編，“工業材料を使用環境から保護するための防錆・防食技術総覧”，pp.903-904,（株)産業技術サービスセンター（2000）.
22) 佐藤史郎，日本金属学会会報，**8**，pp.728-736（1969）.
23) 日本電信電話公社，電気通信研究所調査計画資料，第 98 号，p.109（1969）.
24) 腐食防食協会 編，“材料環境学入門”，pp.43-45，109-112，丸善（1993）.
25) 谷川 徹，志賀章二，星野雅男，中村竹夫，古河電工時報，**75**，p.84（1985）.

加速試験および腐食評価　5

1．電子部品の加速試験

電子機器は広い産業分野で使用されており，さまざまな腐食環境にさらされている．電子機器の信頼性を維持する上で，これら腐食環境による故障を防止することは重要な課題である．電子機器に搭載されている電子部品は腐食環境において劣化するが，故障に至るまでには長期間を要する．そのため腐食環境を模擬して腐食による劣化を促進するための加速試験が行われる（Q45，Q48，Q49）．この加速試験を通じて故障原因の解明，寿命評価など，信頼性を維持向上するためのデータを取得できる．

腐食環境を模擬するための因子は，温度，相対湿度，塵埃，腐食性ガス，海塩粒子などがある．これらの要因を単独あるいは組み合わせた試験方法が基本になる．さらに市場故障現象の加速再現や材料や部品間の耐食性比較など，目的に応じて試験方法を選択する必要がある（Q46，Q47）．また筐体の呼吸作用，接点の開閉など，電子機器に特徴的な条件を考慮して，実稼動条件に即した試験を行う必要がある（Q50）．加速性の高い試験方法では実際の腐食現象と異なる劣化モードとなり，実際の耐食性と合致しない場合もあるため注意を要する．

2．設置環境の腐食性診断

電子機器の腐食による故障を未然に防ぐためには，設置環境の腐食性を診断した上で適切な対策を講じることが有効である．腐食性の診断には，基礎データとして設置環境に暴露した金属の腐食量または設置環境中の温湿度や腐食性ガス濃度などを取得する必要がある。金属の腐食量の測定方法としては，暴露金属板の腐食量をカソード還元法により測定する方法（Q53，H4）やセンサにより測定する方法（Q54）がある．測定した腐食量を規格で定める基準値と照合して設置環境の腐食性を診断する（Q51）．

3．電子部品の腐食評価

電子部品は本来必要な電気信号を出力する機能，もしくは入力して変換する機能を有している．腐食評価に際しては構成金属の腐食量を測定するよりも，電気的特性の劣化を検出することが重要である．たとえば接点の接触抵抗の測定（Q55）や電極間の絶縁抵抗の測定が挙げられ，実稼動状態に即した電圧電流条件で評価を行うことが重要である．

電子部品を電気的に接続するためはんだが，また電気的絶縁性を確保するため絶縁被覆材が使用されている．これらの材料にはんだフラックス（Q57）や赤りん（Q59）が含有されることがあるため，電子部品への影響程度を評価しておく必要がある．

Q45 腐食試験に関する国際的な規格の多くは欧米環境を想定し策定されており，日本やアジアなど高温高湿地域で適合しないことがある．

腐食試験に関する国際的な規格は国際標準化機構（ISO），国際電気標準会議（IEC）で決められている．ISO 規格や IEC 規格では塩水噴霧試験，高温高湿試験，ガス腐食試験などの腐食試験方法が規定されている．とくに金属の腐食に影響が大きい腐食性ガスを用いたガス腐食試験方法の代表例を表 5.1[1～4] に示す．これらの規格は欧州，米国の一般的な環境を想定して策定されており，該当地域での腐食現象を再現するのに適している．しかしながら，高温高湿度地域である日本や東南アジア地域などでの使用を前提にすると加速性が十分でない場合がある．JIS 規格の一部の規格では，高温高湿度地域に適合した試験条件（たとえば 40℃，80% RH）も選択できる[5, 6]．

【A：正しい】

表 5.1　国際規格で規定される代表的なガス腐食試験方法[1～4]

試験規格	試験の種類	ガスの種類と濃度(ppm)	温湿および湿度
ISO 10062:2006	Method A	SO_2　0.5±0.1	40±1℃，80±5% RH または 25±1℃，75±3% RH
	Method B	H_2S　0.10±0.02	
	Method C	Cl_2　0.02±0.005	
	Method D	SO_2　0.5±0.1	
		H_2S　0.10±0.02	
	Method E	SO_2　0.20±0.05	
		NO_2　0.5±0.1	
	Method F	SO_2　0.5±0.05	
		H_2S　0.10±0.02	
		Cl_2　0.02±0.005	
IEC 60068-2-42:2003		SO_2　25±5	25±2℃，75% RH
IEC 60068-2-43:2003		H_2S　10～15	25±1℃，75% ±3% RH
IEC 60068-2-60:2015	Method 1	H_2S　0.1±0.02	25±1℃，75±3% RH
		SO_2　0.5±0.1	
	Method 2	H_2S　0.01±0.005	30±1℃，70±3% RH
		NO_2　0.2±0.05	
		Cl_2　0.01±0.005	
	Method 3	H_2S　0.1±0.02	30±1℃，75±3% RH
		NO_2　0.2±0.05	
		Cl_2　0.02±0.005	
	Method 4	H_2S　0.01±0.005	25±1℃，75±3% RH
		NO_2　0.2±0.02	
		Cl_2　0.01±0.005	
		SO_2　0.2±0.02	

Q46 電子部品のガス腐食試験方法には単一ガス腐食試験と混合ガス腐食試験の２種類があり，自然環境下での腐食を再現する目的には混合ガス腐食試験が適している．

電子部品の耐食性を評価する試験方法には，接点部品などのスクリーニングを目的とした単一ガス腐食試験（二酸化硫黄（SO_2）や硫化水素（H_2S）など）と寿命評価を目的とした混合ガス腐食試験（SO_2，H_2S，二酸化窒素（NO_2），塩素（Cl_2）などのガスを２～４種混合）がある．さまざまな腐食性ガスが存在している自然環境では，金属材料は単一ガスの作用だけではなく複数ガスの相乗的な作用により腐食する．この相乗的な作用を考慮した混合ガス腐食試験は，自然環境下での腐食を再現するのに適した試験である．特徴は以下の通りである．

（1） 腐食生成物の再現性

たとえば銀の場合，H_2S 単一ガス試験では硫化銀の針状結晶が成長するが，$H_2S + NO_2$ の２種混合ガス試験では硫化銀の粒状結晶が成長し（図 5.1），自然環境下で成長する結晶状態と類似した形態の腐食生成物が得られる．銅の場合，H_2S 単一ガス試験では硫化銅が主体で成長するが，$H_2S + SO_2$ などの混合ガス試験では，自然環境下で成長する腐食生成物（酸化銅が主体＋硫化銅）に類似した組成の腐食生成物が得られる（図 5.2[7]）．

（2） 腐食速度の加速性

混合ガス環境では種々のガスの相乗的な作用が現れるため，単一ガス試験よりも腐食速度が速くなる場合が多い（図 5.2[7]）．

【A：正しい】

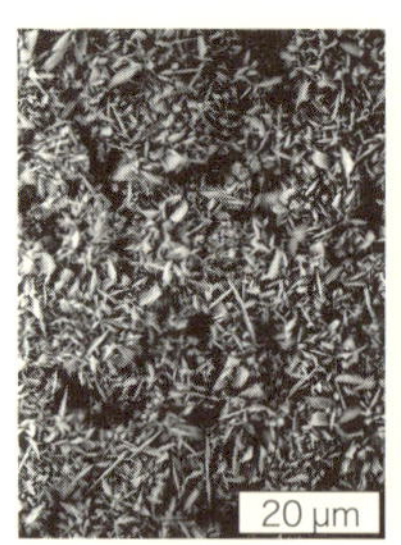

（a） H_2S 単一ガス　（b） H_2S+NO_2 混合ガス

図 5.1　ガス環境に暴露した銀の表面に形成された硫化銀の結晶状態の違い

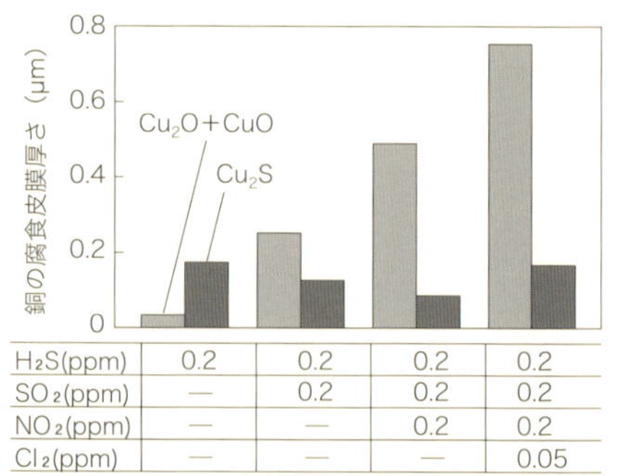

H_2S(ppm)	0.2	0.2	0.2	0.2
SO_2(ppm)	—	0.2	0.2	0.2
NO_2(ppm)	—	—	0.2	0.2
Cl_2(ppm)	—	—	—	0.05

図 5.2　混合ガス腐食試験における Cu の腐食に及ぼす腐食性ガスの影響[7]

Q47 接点部品のスクリーニング腐食試験を実施するにあたり，二酸化硫黄（SO_2）試験と硫化水素（H_2S）試験のどちらの試験を採用しても構わない.

代表的な接点材料である銅について，SO_2 試験または H_2S 試験後の試料表面に形成された腐食皮膜の接触抵抗値（摺動するグラファイト電極により測定した値）を図5.3(a)[8] に示す．SO_2 雰囲気では抵抗値の比較的大きい塩基性硫酸銅などが SO_2 濃度に依存して成長し，接触抵抗値を上昇させる．一方で H_2S 雰囲気では銅の腐食速度は SO_2 雰囲気の 10 ～ 100 倍と大きいが，腐食皮膜の主成分である硫化銅（CuS, Cu_2S）はよい電気伝導体であるため接触抵抗値の上昇は小さく，H_2S 濃度や試験時間とともにむしろ低下する傾向がある[8]．銅（金 / ニッケルめっきを施された銅材を含む）の接点材料を評価する際には，想定される環境や予想される不良モード（導通不良なのか，短絡不良なのか）に応じて試験方法を選択する必要がある．

同じく接点材料によく使われる銀について，SO_2 試験または H_2S 試験後の試料表面に形成された腐食皮膜の接触抵抗値を図 5.3(b) に示す．銀は SO_2 雰囲気ではほとんど腐食しないが，H_2S 雰囲気では腐食が進行し（硫化銀（Ag_2S）皮膜の形成），接触抵抗値を上昇させている[8]．したがって銀や銀合金系の接点材料を評価する際には，H_2S 試験が重視されている．

【A：誤り】

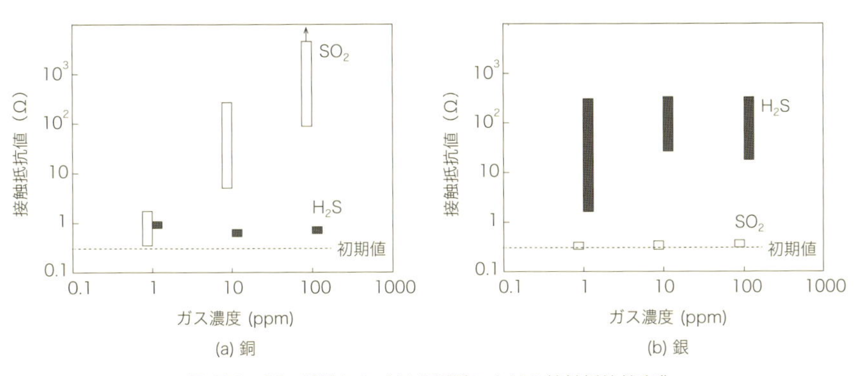

図 5.3 SO_2 試験および H_2S 試験における接触抵抗値変化
（図 5.3，図 5.4 とも，25℃，75% RH，21 d 暴露後）[文献 8) p.118 図 2〈(a)〉，p.119 図 4〈(b)〉，を改変]

Q48 IEC 60068-2-60 規格では４種類のガス腐食試験方法（2～4種の混合ガスを使用した試験方法）が規定されいるが，電子部品の寿命を評価する場合どの試験方法を選択してもよい．

IEC 60068-2-60 規格で規定されている４種類の試験方法（表 5.2[4]）は，電子部品に通常用いられる材料（銀，銅，ニッケルなど）に対して，実際に電子機器が設置されている環境で観察される腐食生成物を再現し，促進評価するために決められている．

IEC 規格では金めっき接点の腐食形態を指標に，試験方法の選択指針が示されている[4]．試験方法１は，緩やかな環境（清浄環境の電話局や計算機室環境）に適した方法である．試験方法２および４は，通常の環境（電話局，計算機室，多くの事務所，産業用機器室）に適した方法で，ポアコロージョン（金めっきのピンホールで下地金属の腐食生成物が形成される形態，４章の解説参照）を再現できる．試験方法３は，厳しい環境（産業用機器室，工場地域環境）に適した方法で，ポアクリープやエッジクリープ（金めっきのピンホールや端面で下地金属の腐食生成物が形成され，めっき表面を這い上がりながら拡がる形態，Q38）を再現できる．

試験方法１～４における銀の腐食皮膜厚さ（４日間暴露）を図 5.4 に示す[9]．SO_2 および NO_2 は環境を酸性化させ，NO_2 および Cl_2 は酸化剤として作用し，腐食を促進させる．試験方法の選択にあたっては，実際の設置環境での環境調査を実施して腐食形態を再現できる方法を選ぶことが重要である．なお環境調査を行っていない場合（腐食性ガス種が不明）は，暫定的に通常の環境向けの方法２または方法４を採用してもよい．

【A：誤り】

表 5.2　IEC 60068-2-60 規格[4]

	方法１	方法２	方法３	方法４
温度（℃）	25	30	30	25
湿度（%RH）	75	70	75	75
H_2S（ppm）	0.1	0.01	0.1	0.01
NO_2（ppm）	—	0.2	0.2	0.2
Cl_2（ppm）	—	0.01	0.02	0.01
SO_2（ppm）	0.5	—	—	0.2

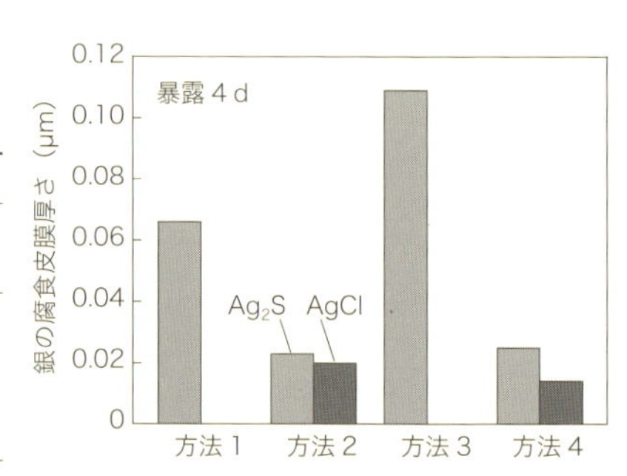

図 5.4　IEC 60068-2-60 規格の４種の試験方法による銀の腐食皮膜厚さの比較［文献 9）p.86］

Q49 IEC 60068-2-60 規格の混合ガス腐食試験は，自然環境下で成長する腐食生成物の再現性の点で非常に優れているが，対象材料によっては加速性が十分でない場合があるので注意が必要である．

IEC 60068-2-60 規格[4] では，ガスの混合条件が異なる 4 種の試験方法を想定環境や対象材料に応じて使い分けている．これらの試験方法は試験ガス濃度が自然環境に近い ppm 以下であるため（Q48），自然環境で成長する腐食皮膜を再現できる．

しかし ppm 以下の試験ガス濃度であるため，対象材料によっては加速性が十分でない場合もある．たとえば銀の場合，最も加速性の高い試験方法 3 で銀の腐食皮膜厚さは約 0.11 μm（4 d）$^{-1}$ である（Q48 の図 5.4）．一方，自然環境下（日本や欧米の場合）での銀の腐食皮膜厚さは約 0.1 μm y^{-1} であり，10 年（電子部品の一般的な保証期間）で約 1 μm となる[10]．自然環境下で 10 年後の銀の腐食皮膜厚さ約 1 μm に対応する試験期間は図 5.5（試験方法 3 における銀の腐食皮膜厚さと暴露時間の関係）に示すように 40 日と膨大な日数になる．また日本や欧米に比べて厳しい環境（東南アジアなど，Q23）を対象とした場合には，さらに試験時間が長くなる．

このような場合には，IEC 規格の試験条件をもとにしてガス濃度条件を変えることで，最適な加速試験条件が得られる．試験方法 3 の 3 種のガスのうち H_2S と NO_2 を採用してその混合比を維持したまま濃度を高くすると（図 5.6），腐食形態はそのままで腐食速度を約 10 ～ 25 倍に加速させることが可能である[10]．

【A：正しい】

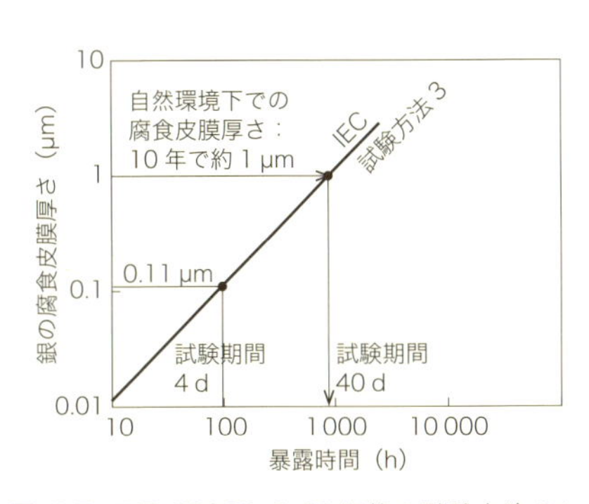

図 5.5 IEC 60068-2-60 規格の試験方法 3 における銀の腐食皮膜厚さと暴露時間の関係

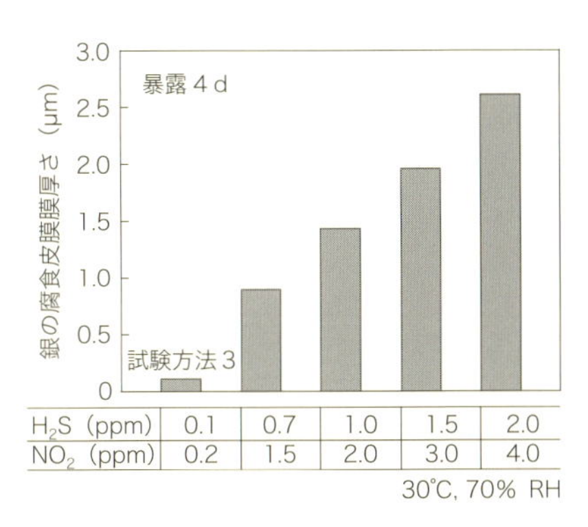

H_2S (ppm)	0.1	0.7	1.0	1.5	2.0
NO_2 (ppm)	0.2	1.5	2.0	3.0	4.0

図 5.6 H_2S と NO_2 の濃度比は一定でガス濃度を変えたときの銀の腐食皮膜厚さ［文献 10) p.110 図 2 を改変］

Q50 半密閉ケースに組み込まれた接触部品を温度変化の大きい市場環境で使用することになり，ガス腐食試験（一定温湿度）による加速試験を実施した．

接触部品の信頼性評価試験方法のうち，ガス腐食試験としてはISO規格やIEC規格の混合ガス腐食試験があり，いずれも一般によく使われている．しかしながら部品の中には，これらの試験では長期間耐えるものの，市場では接触不良による故障率の高いものがある．

温度変化の大きい市場環境では，温度変化に伴いケース内部の空気は膨張収縮を繰り返し，いわゆる呼吸作用でケース内部に短時間のうちに腐食性ガスが侵入する．図5.7に示すように，基準温度20℃に対する温度差$\Delta T = 50$℃の環境では15サイクル後に容器内に外気の90%が侵入する．一方，一定温湿度のガス腐食試験では腐食性ガスは拡散によりケース内部へ侵入するが，その侵入量は小さい．

温度変化の大きい市場環境で使用される半密閉ケースの接点部品は温度サイクルとガス腐食試験を組み合わせた複合試験により，市場環境を加速再現できる．複合試験による半密閉ケース内の接点部品の接触抵抗値の経時的変化を図5.8[11]に示す．温度サイクルによる呼吸作用でケース内への腐食性ガスの侵入が加速され，一定の温湿度のガス腐食試験に比べて，より短期間で接触抵抗値が増大している．また自己発熱の大きい半密閉ケースに組み込まれた部品でも，装置の起動/停止に伴う温度変化による呼吸作用に注意する必要がある．

【A：誤り】

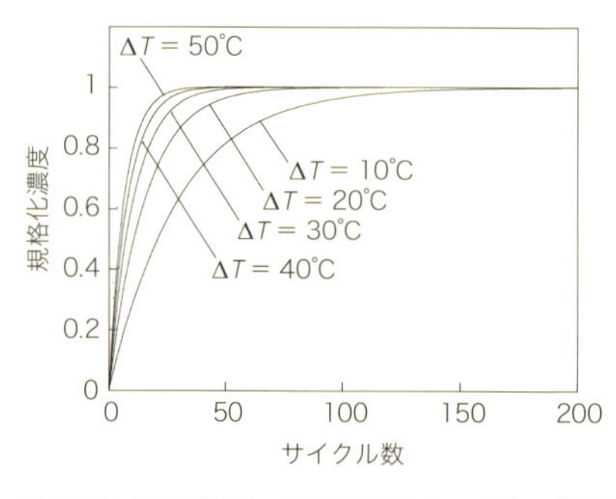

図 5.7 呼吸作用による半密閉ケース内の濃度変化（縦軸は外気環境濃度を1として規格化，温度は20℃を基準）

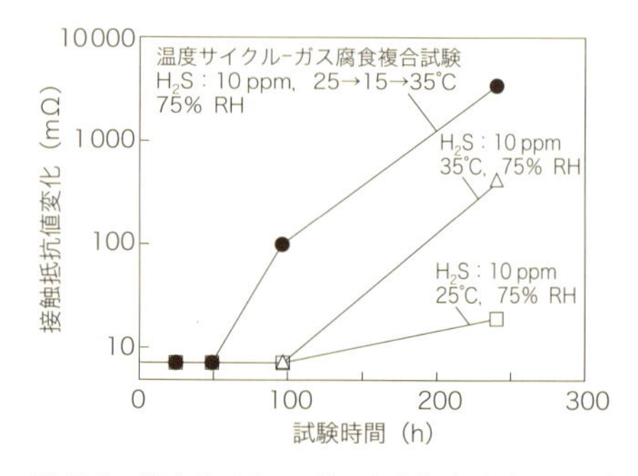

図 5.8 温度サイクル–ガス腐食複合試験による半密閉ケース内接点部品の腐食の加速［文献11）図6を改変］

Q51 電子機器の故障原因を調べる場合，環境に暴露した金属の腐食量や環境中の腐食性ガス濃度を測定すれば，環境起因の腐食が原因かどうかおおむね診断できる．

設置環境の腐食性は，環境に暴露した金属試験片の腐食量または環境中の腐食性ガス濃度の測定結果を以下に示す規格で定める基準と照合することで診断できる．

金属の腐食量はさまざまな腐食性ガスの相乗効果を考慮した腐食指標といえる．銅や銀の腐食量（腐食皮膜厚さ）から屋内環境の腐食性を診断する方法が ANSI/ISA 71.04 規格[12]，ISO 11844-1 規格[13]，DS/EN 60654-4 規格[14]，ASHRAE TC 9.9 ホワイトペーパ[15] で定められている．金属の腐食量は，金属試験片や腐食センサを用いて測定される（H5）．表 5.3[12] に示すように，ANISI/ISA 規格でレベル G1 に分類された環境は，“腐食が故障要因とならない”と判断できる．

一方で，さまざまな環境因子（温湿度，腐食性ガス，汚損度（等価塩分量）の年間平均量）を評点化して合計評点から評価する方法が JEITA IT-1004 規格[16] で定められている．この合計評点は各環境因子単独の影響を考慮した腐食指標である（相乗的な影響は考慮していない）．表 5.4 に示すように，JEITA 規格でクラス A に分類された環境は，腐食が故障要因にはならないと判断できる．

【A：正しい】

表 5.3 ANSI/ISA 71.04 規格における金属の腐食量と腐食環境レベル［文献 12）p.17 表 3 を改変］

	G1（緩やか）	G2（中程度）	G3（厳しい）	GX（極めて厳しい）
銅の反応性（nm month^{-1}）	＜ 30	＜ 100	＜ 200	≧ 200
銀の反応性（nm month^{-1}）	＜ 20	＜ 100	＜ 200	≧ 200

表 5.4 JEITA IT-1004 規格における腐食因子の評価点と腐食環境のクラス［文献 16）p.55 表 8.2, 8.3 を改変］

	区分 1		区分 2		区分 3		区分 4	
	測定値	評価点	測定値	評価点	測定値	評価点	測定値	評価点
A：年平均温度（℃）	≦ 20	1	≦ 25	2	≦ 30	4	＞ 30	8
B：年平均湿度（%）	≦ 50	1	≦ 60	8	≦ 75	16	＞ 75	24
C1：SO_2（ppm）	≦ 0.04	1	≦ 0.08	3	≦ 0.2	6	≦ 5	9
C2：NO_2（ppm）	≦ 0.02	1	≦ 0.05	3	≦ 0.1	6	≦ 5	9
C3：H_2S（ppm）	≦ 0.003	1	≦ 0.01	8	≦ 0.1	14	≦ 10	20
C4：Cl_2（ppm）	≦ 0.002	1	≦ 0.01	10	≦ 0.1	20	≦ 1	30
C5：NH_3（ppm）	≦ 0.1	1	≦ 1	2	≦ 10	4	≦ 100	8
D：汚損度（mg cm^{-2}）	≦ 0.03	1	≦ 0.06	8	≦ 0.12	16	＞ 0.12	24

合計評価点＝ A ＋ B ＋ C1 ＋ C2 ＋ C3 ＋ C4 ＋ C5 ＋ D

≦ 9　クラス A：　設置環境を完全化するための設備を有する環境，または悪影響を及ぼさない良好な環境．

10 ～ 25　クラス B：　設置環境を改善するための設備をとくにもたない一般的レベルの環境．

26 ～ 36　クラス S1：
37 ～ 50　クラス S2：
≧ 50　クラス S3：　設置環境を改善するための設備がなく，とくに厳しい環境．数字の大きいものほど厳しい環境．

Q52 電子機器が設置されている屋内環境の腐食性を評価するため，ある時刻に設置場所のうち１ヵ所で検知管式ガス測定器により環境中のガス濃度を測定した．

検知管式ガス測定器（JIS K 0804[17)]）に代表される瞬間分析法は一瞬の間を捕らえて測定する方法であり，自然条件（日照，通風，降雨など）に加えて，周囲条件（人の出入り，装置の起動停止など）により測定値が変動する．ある時刻で測定したガス濃度は平均値から大きく外れることもある．

設置環境の腐食性を評価するためには，検知管式ガス測定器（H5）での複数回測定またはガスセンサ（H5）での連続測定によりガス濃度の経時的な変動を把握する必要がある．オフィスビル（東京）における NO_2 濃度の測定例を示す（図 5.9[18)]）．NO_2 濃度は測定位置とともに測定時刻に依存していることがわかる．なお図 5.9(a) に示すように複数ヵ所でガス濃度を測定することでガス発生源を突き止めることも可能である．検知管式ガス測定器は，低ガス濃度環境（ppb オーダ）での測定よりも比較的高濃度のガス環境での簡易測定に有効な方法である．

【A：誤り】

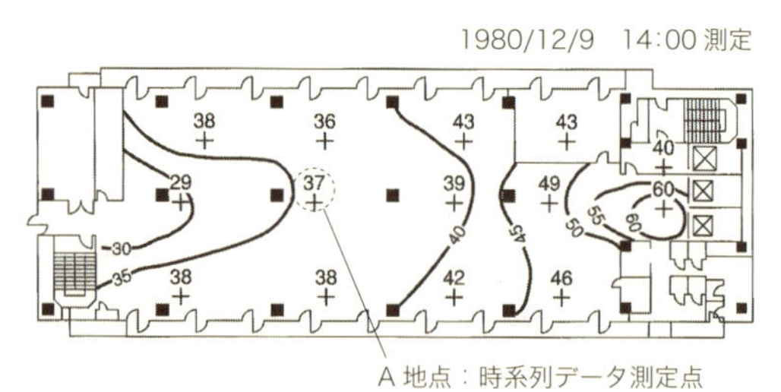

(a)　空間分布（図中数値は NO_2 濃度：ppb 表示）

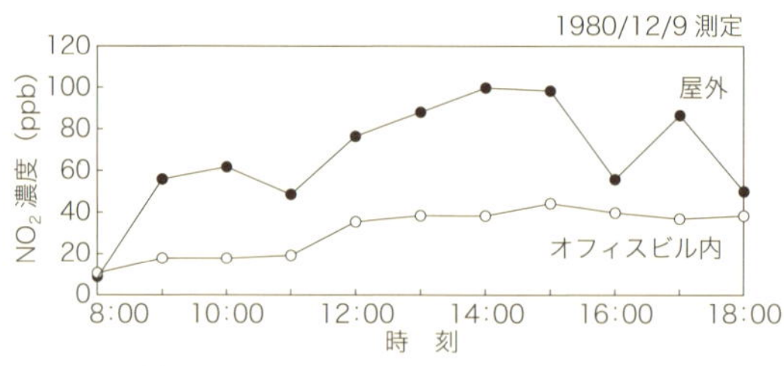

(b)　１日の変動パターン（上図における A 地点）

図 5.9　オフィスビル（東京）における NO_2 濃度の測定例

［文献 18）p.326 図 4〈(a)〉，文献 18）p.325 図 3〈(b)〉を改変］

Q53 カソード還元法はオージェ電子分光法など高価な機器を必要としないことから，銀や銅表面に形成された腐食生成物の厚さ測定によく適用される．

銀や銅表面に形成された腐食生成物の平均的な厚さは，0.1 mol L^{-1} KCl 溶液を用いた定電流カソード還元法により測定できる[19]．図 5.10 に銀板表面に形成された腐食生成物のカソード還元中の電位変化を示す．電位は当初の腐食電位から塩化銀の還元電位付近で停滞した後，塩化銀皮膜が還元されるのに伴い電位が低下して硫化銀の還元電位付近で再び停滞する．硫化銀皮膜が還元されるのに伴いさらに電位が低下して最終的に水素発生電位で一定となる．試験にあたり溶液中に溶存酸素があるとその還元により電流効率が低下するため，溶液を十分に脱気することが重要である．カソード還元法では，還元電位から腐食皮膜の組成を，また還元電解に要した電気量からファラデーの法則に基づき腐食皮膜の厚さ d（nm）を求めることができる．

$$d = \frac{Mit}{n\rho F} \cdot 10^7 \tag{5.1}$$

ここで，M は皮膜成分の分子量（g mol^{-1}），i はカソード電流密度（A cm^{-2}），t は時間(s)，n は皮膜 1 分子の還元に関与する電子数，ρ は皮膜の密度（g cm^{-3}），F はファラデー定数（96 485 C）である．この例では $i = -1.25 \times 10^{-4}$ A cm^{-2}，塩化銀の還元に要した時間 $t_1 = 10.3$ s，硫化銀の還元に要した時間 $t_2 = 40.5$ s であり，塩化銀の分子量 143.3 g mol^{-1} と密度 5.56 g cm^{-3}，硫化銀の分子量 247.8 g mol^{-1} と密度 7.32 g cm^{-3} から銀の腐食皮膜厚さは 3.4 ＋ 8.9 ＝ 12.3 nm となる．

カソード還元法は，銀のほか，銅やすず表面に形成された腐食生成物の厚さを測定できる．ただし複数の酸化物が存在する銅やすずでは，これらの酸化物ごとに明確な還元電位が現れず電位を分離するのが困難な場合がある．このような場合は試験溶液を変更する方法が有効である（H4）．

【A：正しい】

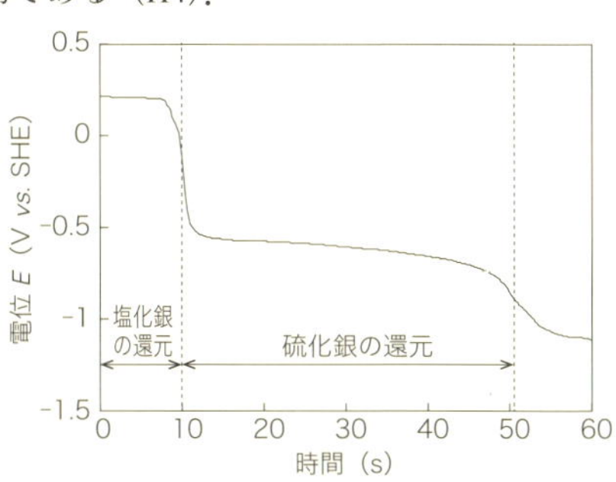

図 5.10　大気暴露した銀板表面に形成された腐食生成物のカソード還元曲線
（窒素脱気 0.1 mol L^{-1} KCl 溶液，還元電流 -1.25×10^{-4} A cm^{-2}）

Q54 水晶振動子微量天秤（QCM）センサと電気抵抗式センサは電極金属の腐食増量を測定するセンサである．

腐食量を連続測定するセンサとしては水晶振動子微量天秤（quartz crystal microbalance）センサ（図 5.11），電気抵抗式センサ（図 5.12[20]）などがある．QCM センサは，腐食による電極金属の質量変化（大気腐食ではおおむね腐食増量）を水晶振動子の共振周波数変化として測定する．たとえば 6 MHz のセンサでは測定精度 1.6 ng cm^{-2} Hz^{-1} で連続的に測定できる．腐食量の測定上限値は水晶振動子の発振限界により決まり，数 mg cm^{-2}（数 kHz）である．一方電気抵抗式センサは腐食による電極金属の断面積変化（腐食減肉量）を電気抵抗値変化として測定する．膜厚の薄い電極を採用すれば，測定精度は QCM センサと同等の測定精度も実現可能であるが，それに伴い腐食量の測定上限値が低下する．

QCM センサでは腐食増量（質量）を，電気抵抗式センサでは腐食減肉量（厚さ）を測定している．このため，QCM センサと電気抵抗式センサの結果を比較するためには，あらかじめ仮定した腐食生成物の密度による換算が必要となる．

QCM センサや電気抵抗式センサでは，電極を真空蒸着やスパッタ蒸着により成膜する．蒸着膜やスパッタ膜は金属試験片に比べて密度が低く表面積が大きいため，同時に暴露した金属試験片の腐食量（H5）と異なること[20]にも注意する．同一環境に暴露した金属板とセンサの測定結果から検量線を作成しておくとよい．

【A：誤り】

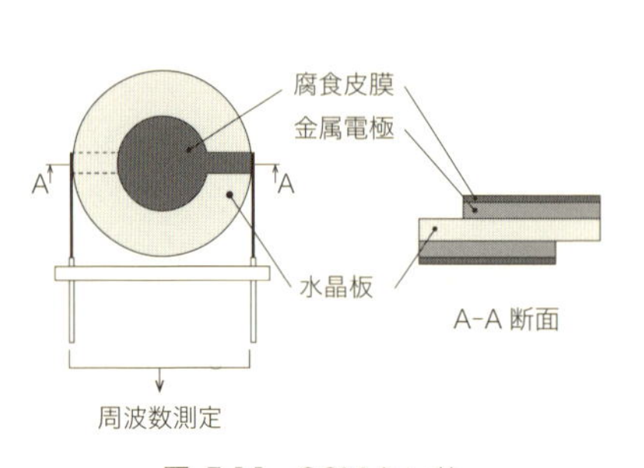

図 5.11　QCM センサ

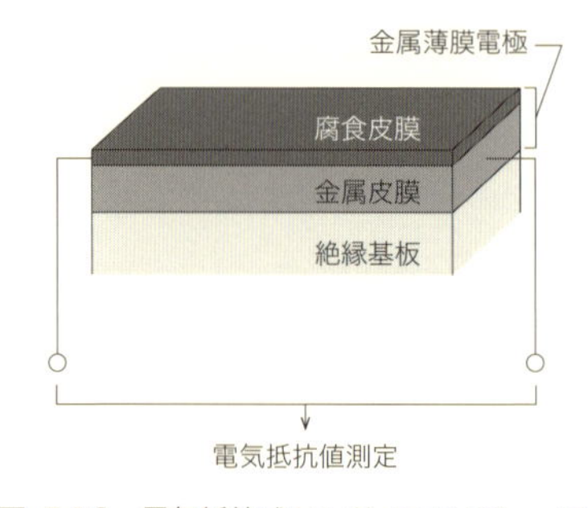

図 5.12　電気抵抗式センサ［文献 20）p.477］

Q55 接触部品（実使用電流：200 μA，メーカ仕様最大電流：10 mA）の耐食性を評価するため，腐食試験前後の接触抵抗をメーカ仕様の10 mA で測定したところ，腐食試験前後で接触抵抗値の上昇が見られなかったので問題なしと判断した．

接点表面に形成された腐食生成物の皮膜は，ある値以上の電流が流れると皮膜破壊により接触抵抗が激減する．したがって実使用電流値と測定電流値の間に大きな差があると，正確な評価にはならない．設問のように実使用時より高い電流値で測定して“問題なし”と判定されたとしても，実使用時には問題が発生する場合がある．

たとえば同一接点の接触抵抗値は印加電流を変えて複数回測定すると，図 5.13 のように変動する．ここで仮に実使用電流 1 μA の接点に対して腐食試験後に接触抵抗を測定し，接触抵抗 50 mΩ 以下なら合格とする．実使用状態と同じ 1 μA の測定電流による抵抗測定では 110 mΩ の抵抗値をもって不合格となる接点が, 1.5 mA（1500 μA）の測定電流による測定では 38 mΩ の抵抗値となって合格基準を満たすことになる．

したがって接触抵抗を測定する際には，実使用時と同等の電流値で評価しなければならない．なお一度 1.5 mA の測定電流で皮膜破壊が生じた（小さな接触抵抗値となった）接点は，次に 1 μA の電流で測定を行っても小さな接触抵抗値のままである．破壊された皮膜は元に戻らないので，測定や評価の際は十分に気をつける必要がある．

【A：誤り】

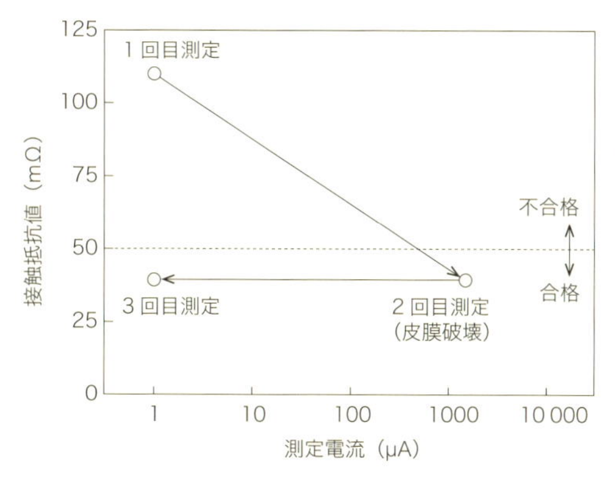

図 5.13　同一接触部品（腐食試験後）の接触抵抗を測定電流値を変えて続けて複数回測定した場合の変動例

Q56 銅鏡腐食試験は，フラックスの腐食性試験法の１項目であり，銅を真空蒸着したスライドガラスを用いて試験を行う．

はんだ付けに不可欠なフラックスには化学的に金属表面上の酸化物皮膜を除去するため，ハロゲン化物（ハライド）などの活性剤が添加されている．その後の電子機器の腐食に大きな影響を及ぼすことがあるため，JIS Z 3197[21] にはんだ付用フラックス試験方法が規定されている．銅鏡腐食試験はその中の1項目であり，規定の厚さに蒸着した銅の上にフラックスを滴下して恒温恒湿槽中に放置し，腐食の度合いを調べる．薄い蒸着膜を用いて試験を行うため，目視で容易に微小な腐食を比較できる．

上記フラックス試験方法には，このほかに① 銅板腐食試験：前処理した銅板上にフラックスを滴下して試験後の変色を調べる，② 電圧印加耐湿性試験（Q57）：エレクトロケミカルマイグレーション（ECM）発生の有無を確認する，③ 水溶液比抵抗試験：フラックス中に含まれる導電性物質を抽出してその量を調べる，④ 活性剤含有量試験：ハライド含有量を調べる，⑤ 絶縁抵抗試験：はんだ付け後の絶縁抵抗を測定する，⑥ イオン性残さ試験：はんだ付け後の残さに含まれるイオン性物質の量を測定する，などが定められている．JIS Z 3283 では，この試験結果によりやに入りはんだのフラックスの特性を表 5.5[22] のように分類している．AA が最も腐食性が弱く，A，B と順に腐食性が強くなる．フラックスの腐食性に対する要求条件は洗浄条件にも依存するがおおよその参考となる．

【A：正しい】

表 5.5 JIS Z 3283 で規定されたやに入りはんだのフラックスの特性［文献 22）p.3 表 4 を改変］

項目		フラックスの等級		
		AA	A	B
水溶液比抵抗		1000 Ω･m 以上	500 Ω･m 以上	──
ハライド含有量		0.1%以下	0.1%を超え 0.5%以下	0.5%を超え 1.0%以下
広がり率（鉛フリー）		65%以上	70%以上	70%以上
フラックス飛び散り		受渡当事者間の協定による		
腐食	銅板腐食	いずれも比較試験片と比較して腐食が大でないこと		
	銅鏡腐食	標準ロジン溶液と比較して腐食が大でないこと	──	
乾燥度		粉末タルクがブラッシングにより容易に除去できること		
絶縁抵抗	条件 A	1×10^{11} Ω 以上	1×10^{10} Ω 以上	1×10^{9} Ω 以上
	条件 B	1×10^{9} Ω 以上	1×10^{8} Ω 以上	1×10^{8} Ω 以上
電圧印加耐湿性（ECM）		拡大鏡で確認し、一方の極から他方の極に樹枝状の金属の生成が認められないこと		──

絶縁抵抗試験　試験条件 A：温度 40±2℃，相対湿度 90~95%，試験時間 168h
試験条件 B：温度 85±2℃，相対湿度 85~90%，試験時間 168h

Q57 JIS 規格環境試験方法（電気・電子）に定められた高温高湿試験，塩水噴霧試験，混合ガス腐食試験を実施したところすべて良好な成績で合格したため，エレクトロケミカルマイグレーション（ECM）に対しても十分な耐食性を有していると考えてよい．

ECM（Q34 ～ Q37）の発生には電圧の印加が不可欠である．上記 3 種類の高温高湿試験，塩水噴霧試験，混合ガス腐食試験では，基本的に試料に電圧を印加しないため ECM の加速試験とならない．ECM は電子部品の代表的な腐食形態の一つであるが，その試験方法については当事者間の協定にまかされている場合が多い．JIS 規格では“JIS Z 3197，はんだ付用フラックス試験方法”[21] に ECM の試験方法が含まれるのみである．この試験ははんだ付け後のフラックス残さによって発生する ECM の有無を確認するものである．図 5.14[21] に示すくし形パターンの基板を使用して電圧印加耐湿性試験（高温高湿環境下で直流電圧を印加した試験）を行い，一定時間経過後に拡大鏡で観察して ECM の発生有無を確認する．一方の電極から他方の電極に向って樹枝状の金属の生成が認められれば ECM 発生とみなされる．

プリント配線板の表面で発生する ECM に対しては，上記のような単層のプリント配線板を用いた試験で評価できる．ただし，ECM には CAF（conductive anodic filaments，Q36）のように樹脂中で発生する形態もあるため，CAF を評価する場合には実際の多層基板を用いた試験が必要となる．

【A：誤り】

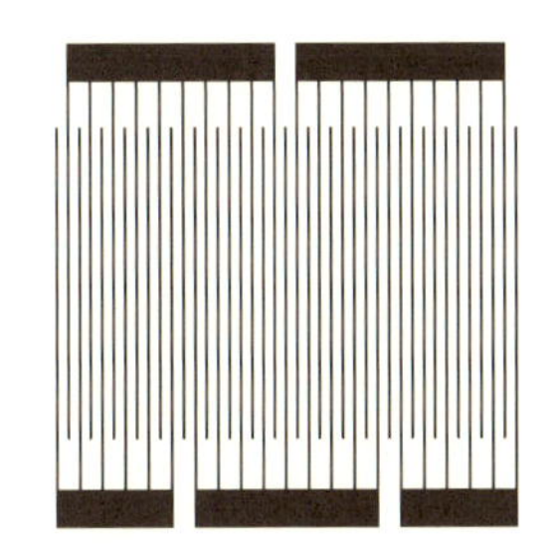

項　目	規格値
導体幅	0.318 mm
導体間隔	0.318 mm
重ね代	15.75 mm
基板寸法	50×50×1.0～1.6 mm
基板材質	エポキシ積層板

図 5.14　エレクトロケミカルマイグレーション試験に使用するくし形パターン基板［文献 21）p.39］

Q58 プリント配線板や電子部品のはんだめっき表面上に形成される酸化皮膜ははんだ濡れ性を低下させる．はんだの濡れ性を定量評価するにはメニスコグラフ法を用いるのがよい．

はんだ濡れ性ははんだ付けの性能を左右する重要な指標であり，“JIS C 60068-2-69，電子部品及びプリント配線板のはんだ付け性試験方法（平衡法）”[23] に示されているメニスコグラフ法で測定される．供試体を溶けたはんだ中に浸せきすると，メニスカスの形状により供試体がはんだから受ける力は変化する．メニスカスが上に凸（濡れない）であれば供試体を押し上げる力が働き，下に凸（濡れた）の場合には供試体を引き込む力が働く．試験の概要を図 5.15 に示す．メニスコグラフ法では，供試体に働く力の時間変化を測定する．t_0 から浸せきを開始すると，当初は供試体の表面が酸化物の皮膜で覆われているため濡れ性が悪く上向きの力が働く．フラックスにより皮膜が溶解すると供試体の表面は溶融はんだで濡れ下向きの力に変化する．浸せき開始から，作用力がゼロとなるまでの時間（供試体に働く浮力を補正した浮力線と交わる A 点までの時間）が濡れ時間である．濡れ時間は短いほど好ましいが，酸化皮膜が厚く成長するほど長くなる．リフロー終了までは，はんだめっき表面に酸化皮膜が形成されないよう電子部品の保管環境を管理（湿度管理など）することがとくに重要である（Q4）．

メニスコグラフ法により，Sn-Zn 系はんだの濡れ性を評価した結果を図 5.16 に示す[24]．Sn-Zn 系はんだは，Zn が酸化されやすいため，はんだ濡れ性が劣る点が課題とされていた．微量の Al を添加することではんだ濡れ性が改善されている．

【A：正しい】

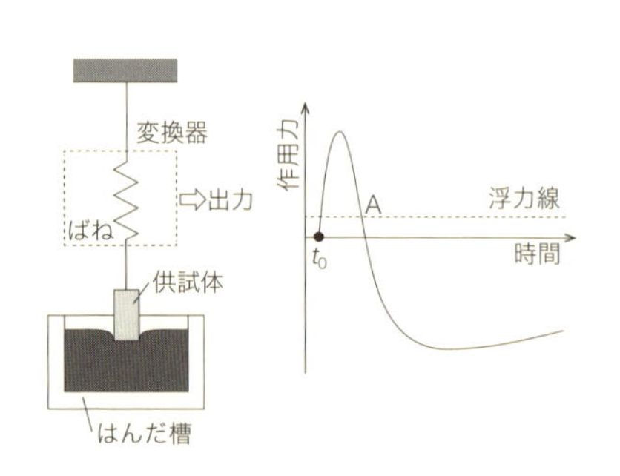

図 5.15　はんだ付け試験方法（平衡法）の概要

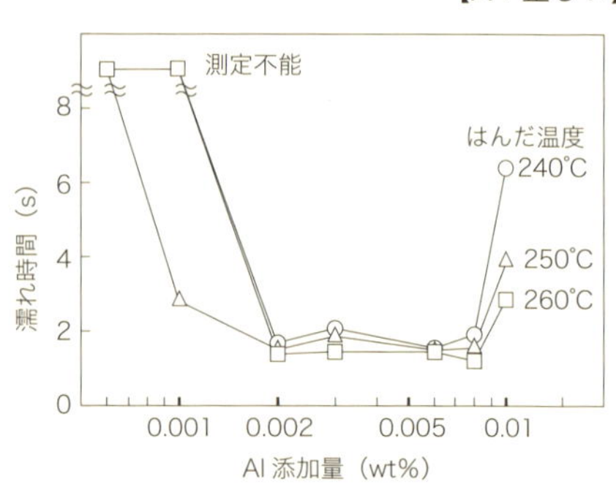

図 5.16　Sn-8Zn-Al はんだの Al 添加量とはんだ濡れ時間［文献 24）p.158 図 4 を改変］

Q59 ACアダプタのDCプラグでエレクトロケミカルマイグレーション(ECM)による障害が発生した．絶縁樹脂中の難燃剤の赤りんが原因か調査するため，温水抽出による絶縁材からのりん酸発生量を指標に評価した．

反応性が高い赤りんは水酸化アルミニウム（$Al(OH)_3$）などで被覆した状態で絶縁樹脂に配合されているため，通常の環境では赤りんからりん酸が生成されることはない．ただし$Al(OH)_3$被覆に欠陥があると，欠陥部で露出している赤りんからりん酸が生成される．絶縁樹脂の表面でりん酸が潮解してりん酸水溶液からなる水膜が形成されると，ECMの発生や進行により電極間が短絡し，発熱や変形障害につながる(Q10)．

りん酸の発生量は$Al(OH)_3$被覆の欠陥の数や大きさに依存することから，絶縁樹脂の温水抽出によるりん酸発生量を指標にすることで$Al(OH)_3$被覆の健全性を評価できる．図5.17に赤りんの温水抽出で発生したりん酸濃度の測定結果を示す[25]．$Al(OH)_3$被覆された赤りんは被覆なしの赤りんに比べてりん酸の生成が抑制されているが，$Al(OH)_3$被覆の種類によりりん酸の生成量が異なる（図中被覆あり（a）は被覆あり（b）に比べてより健全である）．この方法でりん酸が検出されない場合は難燃剤に赤りんが含まれていないのか，また$Al(OH)_3$被覆に欠陥がないのかを判定しにくい．あらかじめ蛍光X線分析（XRF）や熱分解ガスクロマトグラフィー質量分析法（Py-GC-MS）[26]でりん含有の有無を調べておくとよい．

【A：正しい】

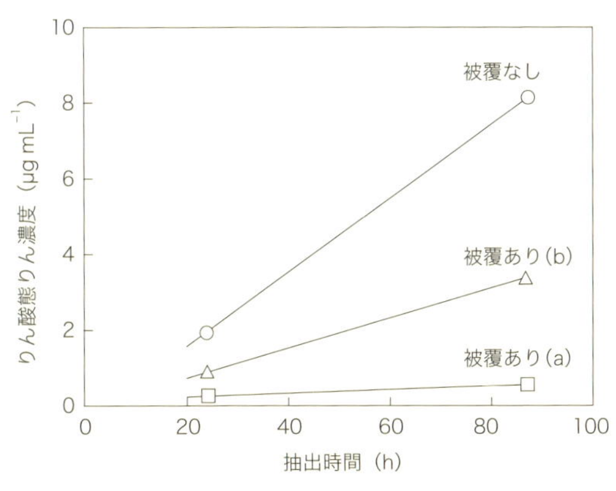

図 5.17 赤りん（$Al(OH)_3$被覆ありまたはなし）の温水抽出で発生したりん酸濃度の測定例
［文献25）p.51 図2を改変］

H4 銅の腐食生成物の同定と定量方法（カソード還元法）

カソード還元法は，対象金属が銅，銀，すずに限定されるが，数 mm^2 ～ cm^2 サイズの領域で腐食生成物の種類とその平均膜厚を評価できる電気化学分析法である．カソード還元法の試験溶液としては, 通常 0.1 mol L^{-1} KCl 溶液が用いられている（Q53）.

銅には CuO と Cu_2O の 2 種類の酸化物が存在し，カソード還元時は CuO，Cu_2O の順序で還元される[19]．銅表面に CuO と Cu_2O が混在して形成されている場合，0.1 mol L^{-1} KCl 溶液を用いると明確な還元電位が現れず，CuO と Cu_2O を分離できないことがある．

表面に酸化物（CuO と Cu_2O 併せて 1 μm）を形成させた銅板に対して，0.1 mol L^{-1} KCl 溶液を用いた試験結果を図 5.18(a)，強アルカリ溶液を用いた試験結果を図 5.18(b) に示す[27]．強アルカリ溶液を用いた試験結果では 0.1 mol L^{-1} KCl 溶液を用いた試験結果に比べて Cu_2O と CuO の明確な還元波が現れており，容易に CuO と Cu_2O を分離できる．この方法では強アルカリ溶液を用いるため溶液の脱気は不要であるが，試料浸せき後にただちに計測する必要がある．

すず酸化皮膜も複数の酸化物が存在する．アンモニア緩衝液を用いることで，すず酸化物の還元波を分離可能である[28]．

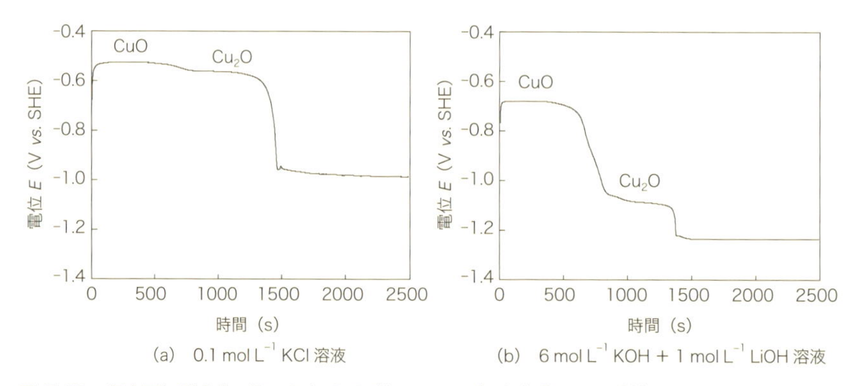

図 5.18 銅表面に酸化物（Cu_2O と CuO 併せて 1 μm）を生成させた試料におけるカソード還元曲線（(a)，(b) とも電流密度 −1.0 mA cm^{-2}）［文献 27）p.127，図 26 を改変］

H5 大気環境の腐食性の測定方法

大気環境の腐食性を診断するためには（Q51），表 5.6 に示す環境中のガス濃度や暴露金属の腐食量を測定する必要がある．

環境中のガス濃度の測定方法としては検知管式ガス測定器（瞬間測定法），ガスセンサ（連続測定法）のほか，化学分析（瞬間測定法）を用いる方法がある．また金属の腐食量の測定方法としては金属板（積算測定法）のほか，QCM センサ（連続測定法）や電気抵抗式センサ（連続測定法）を用いる方法がある．

ANSI/ISA 71.04 規格[12)]，ISO 11844-1 規格[13)]，DS/EN 60654-4 規格[14)]，ASHRAE TC 9.9 ホワイトペーパ[15)] に準拠して環境の腐食性を診断する場合は，長期間（1 ヵ月～1 年）にわたる平均的な値が必要であり，金属板を用いて積算腐食量を測定する方法が簡便で有効な方法である．

また外気冷却方式を採用している機器室では，周囲環境の腐食性程度により外気導入量を制御するため（たとえば周囲環境の腐食性が厳しい期間は外気導入量を制限する），QCM センサや電気抵抗式センサなど連続測定可能な腐食センサが有効である[15)]．

表 5.6 環境中のガス濃度と暴露金属の腐食量を測定する方法

対　象	方　法	概　要
ガス濃度	検知管式ガス測定器	特定ガスと反応する検知剤が封入されたガラス管に大気を通気し，検知剤の色変化でガス濃度を測定する．
	ガスセンサ	半導体式、電気化学式，熱式などのセンサにより濃度を連続測定する．
	化学分析	大気を直接または捕集バッグ，吸収剤，吸収液で捕集し，機器分析で物質の種類，濃度を測定する．
腐食量	金属板	暴露後の金属板を重量法，カソード還元法などにより，腐食増量，腐食減量，皮膜重量を測定する．
	QCM センサ	水晶振動子の共振周波数の変化により，電極金属の腐食増量を測定する．
	電気抵抗式センサ	電気抵抗値の変化により，電極金属の腐食減肉厚さを測定する．

H6 接点めっきのピンホール欠陥数の評価方法

電子部品の接点では，銅母材にニッケル，金の順でめっきが形成されている．めっきでは還元反応に伴い発生する水素ガスによりピンホール欠陥が生じる．金めっきでピンホール欠陥が生じると下層のニッケルめっきが露出して，金とニッケルのガルバニック腐食によりニッケルが溶出する．さらにニッケルめっきにピンホール欠陥があると，母材の銅が溶出することがある．めっきの耐食性の優劣は，ピンホールの欠陥数と対応する．ピンホール欠陥数の評価方法を以下に述べる．

(1) 顕微鏡観察による欠陥計測

めっきのピンホール欠陥数を顕微鏡観察（図 5.19[29]）で評価する場合，多数の視野を観察して欠陥数（単位面積あたりのピンホール数）を計測する必要がある．低倍率の顕微鏡で測定すれば観察する視野の数は少なくてすむが，小さいピンホールを観察できない．この場合はピンホールを化学処理で黒色化した斑点として測定する方法が有効である[30]．

(2) 電気化学手法による欠陥計測

金めっきの耐食性を判定する方法として，電解液中で金めっき試料のアノード分極測定を行い，下地ニッケルの活性溶解電流を測定する方法がある．FFC（flexible flat cable）金めっき端子（試料 A，B，C）を硫酸溶液でアノード分極した結果を図 5.20[29] に示す．金は溶解せずに下地ニッケルの活性溶解電流のみが測定されている．活性溶解の電流ピークの面積（電気量）はめっきピンホール数に対応するため，ピンホール欠陥数の評価指標となる．ピンホール数に換算するためには，電気量と顕微鏡観察による欠陥計測で求めたピンホール数との検量線を作成する必要がある．またニッケルめっきの耐食性判定には，水酸化カリウム溶液でアノード分極したときの銅酸化物生成ピークをピンホール欠陥数の評価指標とした方法がある[29]．

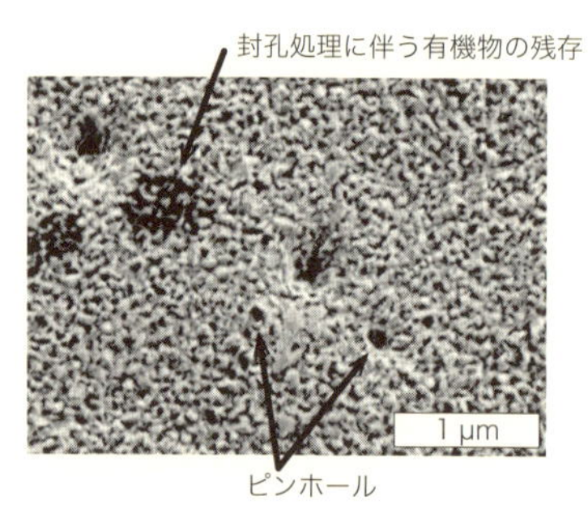

図 5.19 金めっきピンホールの SEM 写真
［文献 29）p.71］

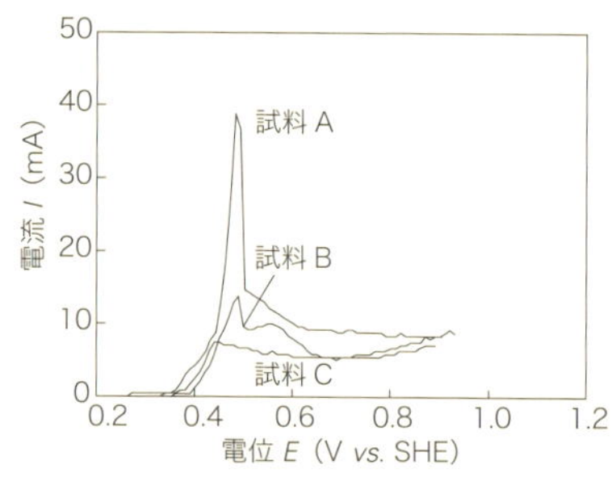

図 5.20 FFC 金めっき端子のアノード分極曲線
（空気飽和，5 mol L^{-1} H_2SO_4 溶液）［文献 29）p.72 図 5 を改変］

参 考 文 献

1）ISO 10062，Corrosion tests in artificial atmosphere at very low concentration of polluting gas(es)（2006）.
2）IEC 60068-2-42，Environmental testing-Part 2-42: Tests-Test Kc: Sulphur dioxide test for contacts and connections（2003）.
3）IEC 60068-2-43，Environmental testing-Part 2-43: Tests-Test Kd: hydrogen sulphide test for contacts and connections（2003）.
4）IEC 60068-2-60，Environmental testing-Part 2-60: Tests-Test Ke: Flowing mixed gas corrosion test（2015）.
5）JIS C 60068-2-42，環境試験方法—電気・電子—接点及び接続部の二酸化硫黄試験方法（1993）.
6）JIS C 60068-2-43，環境試験方法—電気・電子—接点及び接続部の硫化水素試験方法（1993）.
7）W.H. Abbott，IEEE Trans. on Parts，Hybrids，and Packaging，PHP，No.1，p.26（1974）.
8）横井康夫，防錆管理，**30**，pp.115-122（1986）.
9）平本 抽，秋本昌子，野見山敦子，第7回電子デバイスの信頼性シンポジウム予稿集，pp.83-88（1997）.
10）平本 抽，マテリアルライフ，**11**，pp.109-112（1999）.
11）沖山静彦，小林佐敏，第21回信頼性・保全性シンポジウム発表報文集，**21**，p.211（1991）.
12）ANSI/ISA-S71.04-2013，Environmental Conditions for Process Measurement and Control Systems: Airborne Contaminants（2013）.
13）ISO 11844-1，Corrosion of metals and alloys — Classification of low corrosivity of indoor atmospheres — Part 1: Determination and estimation of indoor corrosivity（2006）.
14）DS/EN 60654-4，Operating conditions for industrial-process measurement and control equipment. Part4: Corrosive and erosive influences（1997）.
15）ASHRAE TC 9.9 White Paper，2011 Gaseous and Particulate Contamination Guidelines for Data Centers（2011）.
16）JEITA IT-1004B，産業用情報処理・制御機器設置環境基準，p.55（2017）.
17）JIS K 0804，検知管式ガス測定器（測長形）（2014）.
18）K. Ikeda，S. Yoshizawa，T. Irie and F. Sugawara，ASHRAE Transactions，**92**，Part I，pp.325，326（1986）.
19）カソード還元小委員会，材料と環境，**53**，pp.472-478（2004）.
20）南谷林太郎，天沼武宏，松井 清，材料と環境，**54**，pp.476-482（2005）.
21）JIS Z 3197，はんだ付用フラックス試験方法（2012）.
22）JIS Z 3283，やに入りはんだ（2017）.
23）JIS C 60068-2-69，環境試験方法—電気・電子—第2-69部：試験—試験 Te/Tc：電子部品及びプリント配線板のはんだ付け性試験方法（平衡法）（2019）.

24) 神谷佳久，本間 仁，北嶋雅之，FUJITSU，**54**，pp.154-160（2003）.

25) 盛本さやか，沖 充浩，佐藤友香，東芝レビュー，**73**，pp.49-53（2018）.

26) 飯田益大，宮武健一郎，木村 淳，SEI テクニカルレビュー，**172**，pp.30-33（2008）.

27) 能登谷武紀，中山茂吉，大堺利行，“ベンゾトリアゾール 銅および銅合金の腐食抑制剤”，pp.126-129，日本防錆技術協会（2008）.

28) 中山茂吉，杉原崇康，能登谷武紀，大堺利行，材料と環境，**62**，pp.16-21（2013）.

29) 中山茂吉，杉原崇康，細江晃久，稲澤信二，材料と環境，**59**，pp.70-74（2010）.

30) 下条武美，安藤和臣，ラムチューラン，実務表面技術，**32**，pp.652-658（1985）.

防 食 設 計 6

1. コーティングによる防食

プリント配線板などの素地表面を樹脂で覆い，配線パターンや電子部品電極の腐食を防止する方法で，比較的膜厚が薄い（一般的には 500 μm 以下）場合をコーティングとよんでいる．コーティング材の材質としては，エポキシ樹脂，シリコーン樹脂，ウレタン樹脂，フッ素樹脂などが用いられる．

コーティングによる防食の基本は腐食環境からの遮断，すなわち水，水蒸気，酸素，腐食性ガス，海塩粒子など腐食性物質の金属表面への侵入抑制にある．金属表面に腐食性物質が侵入し，コーティング樹脂が下地からはく離または破壊されると，腐食は著しく促進される．コーティングの環境遮断性は，樹脂の種類，膜厚，ピンホールなどの欠陥に依存する．エポキシ樹脂は密着性がよく，水分を吸収しても体積抵抗率が高いなどの特徴を有する．一方，シリコーン樹脂は取り扱いが容易で耐熱性も高いが，水蒸気や腐食性ガスを透過しやすい欠点を有する（Q60）．樹脂の種類によって化学的性質や機械的性質が大きく異なる．単位面積あたりのピンホール数は一般に膜厚が薄いほど多いが，コーティング工程の良否にも影響される．ピンホールが多いと腐食反応に関わる物質移動が多くなり，また樹脂の体積抵抗率が低くなるとコーティングを通して流れる腐食電流が大きくなり腐食は促進される．

また撥水コーティングは腐食抑制効果は比較的低いが，水膜の濡れ拡がりを抑制できるため，使い方によっては腐食抑制に有効な方法になる（Q61）．

2. めっきによる防食

電気めっきは金属イオンを含んだ電解液に電流を通じ，目的とする金属イオンをカソード還元して被めっき体上に金属薄膜として形成させるもので，防食および装飾を主目的として発展してきた．またmonths めっきに種々な特性を付与した機能めっきとしても注目されている．

素地金属を防食するには素地よりも卑あるいは貴な金属を形成させるが，電子材料のめっきでは貴な金属による防食が一般的である．この場合にはめっきにピンホールやクラックなどの欠陥がないことが不可欠である．めっき欠陥を通して腐食性物質が素地金属に達すると，その部分がアノードとなり，めっきをカソードとした局部電池が形成され，素地金属の腐食は逆に促進されることになる．対策として接点やリード材料用銅表面への金めっきの下地としてニッケルめっきを施す（Q65）など，二層あるいは三層めっきが行われている．他の対策としてめっきに封孔処理を行う方法があるが，その有機樹脂自体が接点不良を生じさせるケースもあり注意が必要である

(Q62).

電気めっき以外にも外部電源を使用しない無電解めっき（めっき液中に含まれる還元剤の酸化反応により金属イオンが還元され，被めっき体上に析出する），溶融めっき，気相めっきなどいろいろな方法があるが，電子部品の防食には一般に電気めっきおよび無電解めっきが用いられる.

接点材料などに使用される銀めっきは，還元性硫黄ガス環境下では硫化腐食しやすいため，銀にパラジウムを添加した合金材料が実用化されている（Q64).

3. 防食と信頼性

電子機器に搭載されている電子部品には，一層の小型化や多機能化が要求されている．さらに使用環境が複雑で，実にさまざまな使い方がなされている．電子部品の信頼性は腐食と極めて密接な関係にあり，電子回路に組み込まれた材料に腐食が発生すると，たとえそれが軽微な腐食であっても致命的な故障の原因となることが少なくない.

電子機器であっても，腐食の基本的メカニズムは一般構造材料における腐食と同様で，ほとんどの場合は水と酸素の共存下で電気化学的に生じる．使われる材料も，銅，アルミニウムあるいはその合金が多く，耐食性に優れた材料とはいえない．銀も還元性硫黄環境では耐食性を示さない．金は耐食性に優れ，主にめっき材として使われるが，金めっきはめっき膜厚が薄いため一般にピンホールが多く，下地の銅を腐食させることがあるので，信頼性を確保するためにニッケルの下地めっきなどが必要となる.

電子部品の場合，とくに電圧が印加されている部品が腐食環境にさらされると短時間でその機能を失う．すなわち腐食による寿命は腐食の進行速度でなく，腐食が開始するまでの時間（潜伏期間）で決まる．構造用材料のように腐食しろを設定するような防食方法は適切でない．電子材料を腐食から守るには，それらをいかに腐食環境から遮断するかが重要となる．環境対策にはフィルタが用いられるが，各種吸着方法があり，対象となる腐食性ガスにあわせてフィルタを選択する必要がある（Q63).

硫化水素雰囲気でプリント配線板の配線が腐食したため，プリント配線板に電気絶縁性・耐水性の優れたシリコーン系のコーティングを施した．

コーティングはプリント配線板の配線や電子部品の電極を樹脂で覆い腐食を防止する方法で，コーティング材の材質としては，エポキシ樹脂，シリコーン樹脂，ウレタン樹脂，アクリル樹脂，フッ素樹脂などがある．

シリコーン樹脂は，耐熱性や電気絶縁性が高いなど，電子部品用のコーティング材として優れた点も多い．このうち1成分系で室温硬化型のシリコーン樹脂は，空気中の水分と反応して硬化するため対象部位に塗布して空気中に放置するだけでよく，取り扱いが簡単である．他の有機系コーティング材が炭素骨格であるのに対し，シリコーン樹脂ではケイ素Siと酸素Oが骨格を成している．硬化したシリコーン樹脂は，図6.1に示す三次元網目構造をとるが骨格の間の距離が比較的大きいため，気体を透過しやすい性質がある．そのため水蒸気や腐食性ガスは，容易にシリコーン樹脂層を透過してプリント配線板の配線や電極の腐食を引き起こす．

各種コーティング材の信頼性評価試験の結果を表6.1に示す[1]．シリコーンは耐油性，耐水性には優れるもの，耐腐食性ガス性には劣る．腐食性ガスが存在する環境では，ポリウレタン系やポリエステル系のコーティング材を使用することが望ましい．ただし塗布時の塗布面の汚れ，推奨厚さ以上の厚塗りによる樹脂収縮，経年による接着力低下が原因で，コーティングが下地からはく離することがある．コーティングのはく離箇所（隙間）に水分や水分に溶解した腐食性ガスが長期間滞留することで，電子部品の腐食が著しく促進されることにも注意が必要である．

【A：誤り】

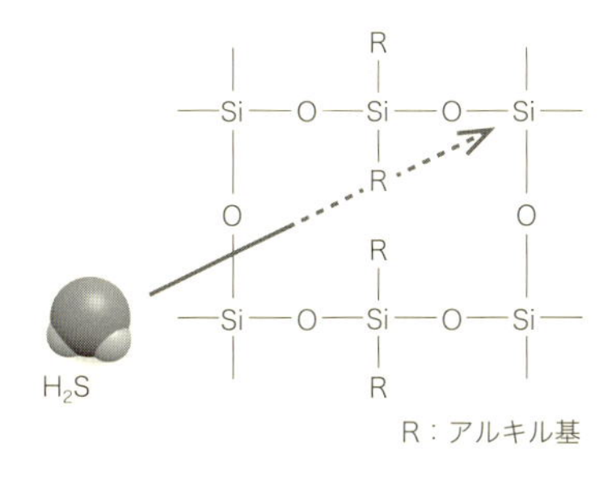

図 6.1　シリコーンコーティング材の骨格

表 6.1　各種コーティング材の信頼性評価試験の結果
［文献1）p.145 表8を改変］

種　類	耐油性試験	H_2S ガス腐食試験	塩水噴霧試験
ポリウレタン系	○	○	○～△
シリコーン系	◎	××	○～△
ポリエステル系	○	◎	×
アクリル系	○	×	×
UV 硬化アクリル	◎	○～△	×

Q61 接点部分にすずめっきや金めっきが施されているフレキシブルフラットケーブル（flexible flat cable：FFC）では，腐食障害は起きにくい．

基板間の接続などに使用されるFFCの端子表面（接点の接触面）は，通常はすずや金などでめっきされており，接触信頼性が確保されている．一方製造工程での切断により芯材の銅が露出している端子端面では，環境によって腐食障害が発生することがある（図6.2）[2]．一般的な（硫化水素などの腐食性ガスがない）環境であれば，露出した端面の銅には表面に薄い酸化膜が生成される程度であり，腐食障害が発生することはない．ただし高濃度の硫化水素ガスが発生する環境（火山や温泉の近くや下水処理場近辺など），もしくは同じ製品内に還元性硫黄を発生するゴム部品がある環境では，酸化膜が破壊されて硫化銅が生成される．硫化銅は，クリープ現象により周辺へ拡がることが知られている（Q38）．FFC端子端面で硫化銅クリープが生じて周辺へ拡がると端子間が短絡することがある[2]．

硫化物クリープを促進させる要因として水分の存在（端子間の絶縁材表面に形成される水膜）が挙げられる．端面部を含む端子全体に撥水処理（接触抵抗には影響を与えない数十nm程度の厚さの膜を形成させる処理）を施すことで，端子間の絶縁材表面への水分吸着を低減できる．銅の硫化自体を完全に防ぐことはできないが，図6.3に示すように硫化物クリープを抑制して端子間の短絡を防止できる．

【A：誤り】

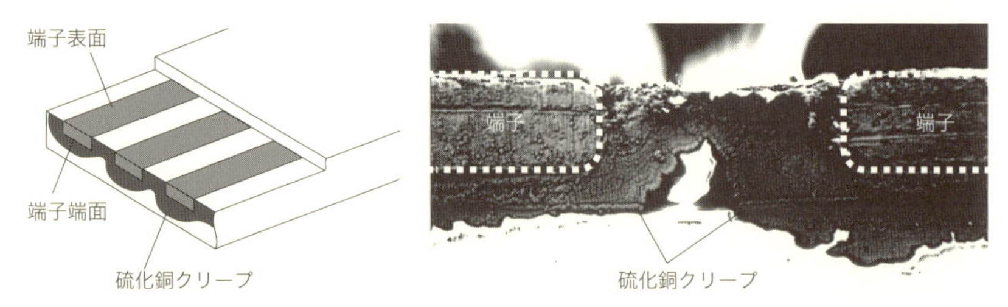

図 6.2 FFC端面に生成した硫化物クリープによる端子間の短絡［文献2）p.52 図4を改変］

図 6.3 FFCの端子に施した撥水コーティングによる硫化銅クリープ抑制効果

Q62 電気接点に金めっきを施す場合には封孔処理を行っておけば，腐食による接触不良などを避けることができる．

電気めっきは，被めっき物をカソードとして電気分解するために，カソード表面で水素ガスの発生を伴う．その気泡の痕がピンホールとしてめっきに残る．金めっきは他のめっきと比較してめっき厚が薄いため，ピンホール数が非常に多い．とくにフラッシュとよばれる 0.1 μm 以下のめっきでは顕著である．このピンホールを通して，水分や水分に溶解した腐食性ガスが侵入して下地金属（ニッケルめっきや銅母材）が腐食する．腐食生成物はピンホールを通して金めっき表面に析出するため，めっき表面の曇りやはんだ付け不良，接点の場合には接触不良などの原因となる．金属中で最も貴な金属である金めっきにピンホールがあれば，卑な下地金属の腐食を促進するのは当然である．

ピンホール腐食を防ぐ対策の一つである封孔処理は，めっき表面に数 Å の有機樹脂を塗布して，ピンホール内を有機樹脂で埋めることで下地金属の腐食を防止する．一般的には厚さが 2 μm 以下のめっきに適用される．ただし封孔処理剤自体が絶縁性であるため，めっき表面に厚く残留するまたは接点の摺動によって 1 ヵ所にかき集められると接触不良を引き起こすことがある（図 6.4）．

封孔処理を行う場合，ピンホール内を封孔処理剤で確実に埋めるとともに，めっき表面には封孔処理剤が残らないようにすることが重要である．同様にめっき表面に光沢を出すための光沢剤や，接点の潤滑目的で塗布するグリスやオイルはそれ自体が絶縁性であるため，接点に使用する際には注意が必要である．

【A：正しい，ただし副作用に注意】

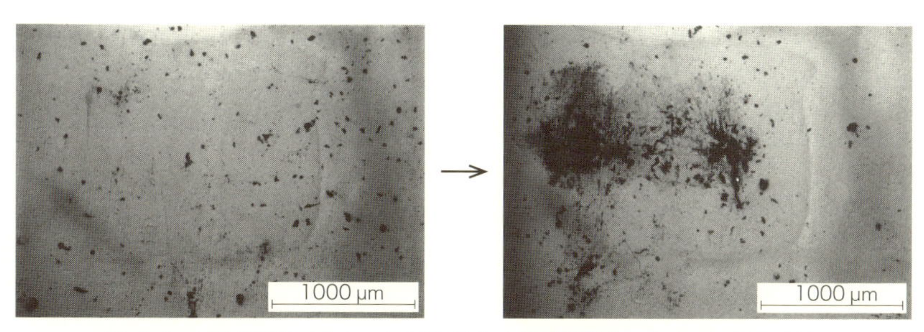

図 6.4　封孔処理後の金めっき表面（左）と摺動試験後の金めっき表面（右）
（黒く見えているのが封孔処理剤，摺動によりかき集められている）

Q63 温泉地区に設置した電子機器の故障原因が硫化腐食であることが判明したため，硫化水素を除去するため化学吸着フィルタを設置した．

フィルタのガス除去原理は，物理吸着，化学吸着，触媒作用の三つに大別される．物理吸着フィルタは，ガス分子をファンデルワールス力により吸着剤表面に吸着させる現象を利用しており，活性炭フィルタが一般的である．化学吸着フィルタは，ガス分子を吸着剤表面と化学反応させて吸着させる現象を利用しているため，ガスを選択的に吸着することや，吸着ガスを不可逆に保持することができる．触媒フィルタは，吸着剤表面の触媒によってガスを無害な物質に変えて再放出，または表面吸着させる現象を利用している．

ゼオライトなどの多孔質材料に過マンガン酸カリウム（$KMnO_4$）を添着させた化学吸着剤は，硫化水素（H_2S）の除去に実績がある．強力な酸化剤である $KMnO_4$ により H_2S は酸化され硫黄または硫酸塩として多孔質材料中に固定される[3]．$KMnO_4$ からなる化学吸着剤を充填したフィルタの吸着性能を図 6.5 に示す[3]．H_2S 除去の効果は，雰囲気中に暴露した銀板の腐食生成物に含まれる硫黄量を指標に比較すると，H_2S が 20 ppb の雰囲気はもちろんのこと，3 ～ 5 ppb の雰囲気でも確認できる．ANSI/ISA-S71.04-2013 規格[4] では“腐食が機器の信頼性の決定要因にならない”環境（レベル G1）での H_2S 濃度を＜ 3 ppb（参考値）と定めており，化学吸着フィルタを用いれば，温泉地区に設置した電子機器の設置環境を腐食障害が発生しにくい環境に維持できる．表面を改質した活性炭フィルタや触媒フィルタでも同様の効果がある．いずれのフィルタを採用する場合でもガスの吸着量に限界があり，定期的なフィルタ交換が必要である．

【A：正しい】

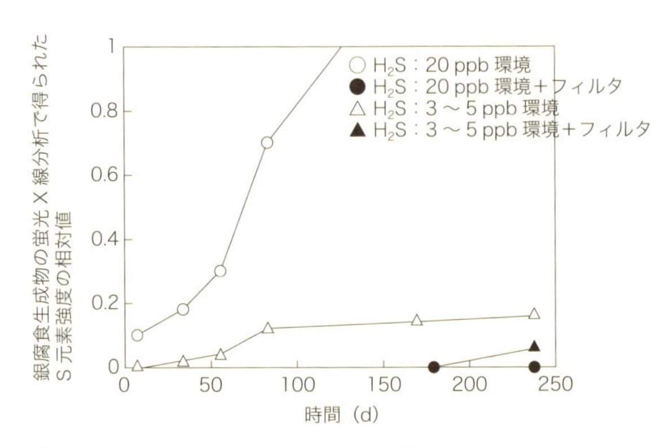

図 6.5 化学吸着フィルタによる硫化水素の除去効果（銀板の腐食生成物に含まれる硫黄量を指標）
［文献 3）p.191 図 12 を改変］

Q64 硫化水素など還元性硫黄を含む環境で銀の硫化腐食を抑制するためは，合金元素として（(1) Cu，(2) Zn，(3) Pd）を添加するのがよい．

銀に対して耐硫化性の向上が確認されている合金元素は，Pd と Au である．いずれも 30%以上添加した合金が，接点材料として採用されている[5]．一方 10%以下の Pd を添加した Ag–Pd 合金は，チップ抵抗の内部電極の材料として実用化されている．なお，使用環境は異なるが，Ag–Pd–Cu–Au 合金は歯科材料として使われている[6]．

飽和硫黄蒸気環境（73℃）に暴露した Ag–Pd 合金（1 ～ 5% Pd 添加）の硫化による銀の腐食増量の測定結果を図 6.6 に示す[7]．3 ～ 5% Pd 添加材では，腐食増量が純銀に比べて 30%（150 h 経過後）減少し，Pd 添加による硫化抑制効果が認められた．Ag–Pd 合金では，硫化皮膜 /Ag–Pd 合金の界面の結晶粒界に Pd が硫化パラジウム（PdS）として凝集して銀イオンの硫化銀（Ag_2S）皮膜表面へ粒界拡散を抑制しているため，純銀に比べて腐食速度が低下すると考えられる．

銀表面に生成する硫化物は，いずれの添加材でも純銀と同様に Ag_2S である．また純銀で発生が認められた硫化銀ウィスカ（主に試験片の端部から生成）は，1% Pd 添加材で顕著に減り 2% Pd 添加材ではほとんど発生しない[8]．Ag–Pd 合金では粒界に凝集した PdS が銀イオンの拡散障壁となり，硫化銀ウィスカの成長が抑制されたと考えられる．

【A：(3)】

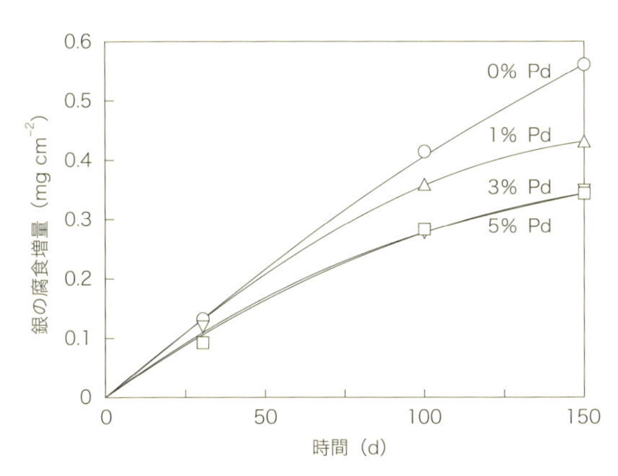

図 6.6　銀の硫化に及ぼす Pd 添加量の影響（飽和硫黄蒸気，73℃，75% RH）［文献 7）p.24 図 1 を改変］

Q65 銅または銅合金の接点は汚染大気環境で導通不良（接触不良）を引き起こすことがあるので，対策として銅または銅合金の上に銀めっきを施すのがよい．

金属の腐食生成物の形成は大気の汚染度の影響を大きく受ける．図 6.7[9] は，銅および銀を各地帯の屋内環境下で長期間暴露した際，表面に形成される腐食生成物の皮膜厚さを暴露時間に対して整理した結果である．初期は銅のほうが皮膜成長は速いが，ち密な Cu_2O 皮膜が成長すると皮膜成長速度は低下し，長時間後には銀と逆転する．これは銅または銅合金では硫化銅（Cu_2S）が生成する場合を除いて，生成する皮膜が酸化物であればその成長は放物線則に従うのに対し，銀では直線的に成長を続ける傾向があるためである．このため銅の表面皮膜成長を防止する目的で銀めっきを施しても効果は期待できない．

対策として通常はすずめっきが用いられる．図 6.8[10] に銅または銅合金，銀およびすずの皮膜厚さと接触抵抗の関係を示す．すずは銀と同程度の厚さの腐食皮膜が形成されるが，抵抗は最も低い．さらに高信頼性を要求される場合にはニッケルの下地めっきの上に 0.5 μm 程度の金めっきが施される．汚染環境中でも金めっき上には酸化皮膜が生成しないため，抵抗上昇がない．

【A：誤り】

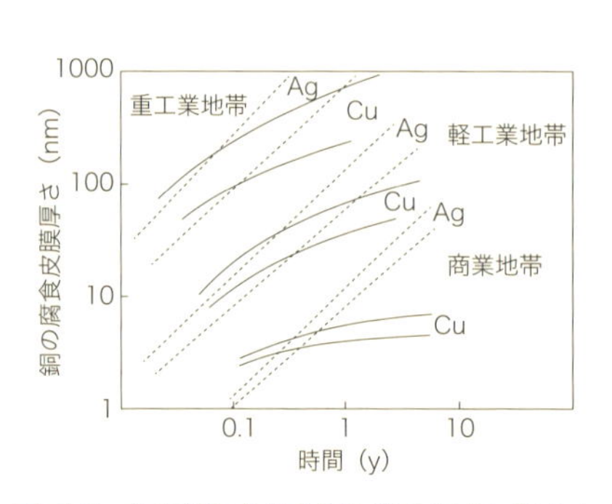

図 6.7　各地帯における銅と銀の表面に形成される腐食生成物の皮膜厚さと暴露時間の関係［文献 9）p.46 図 1 を改変］

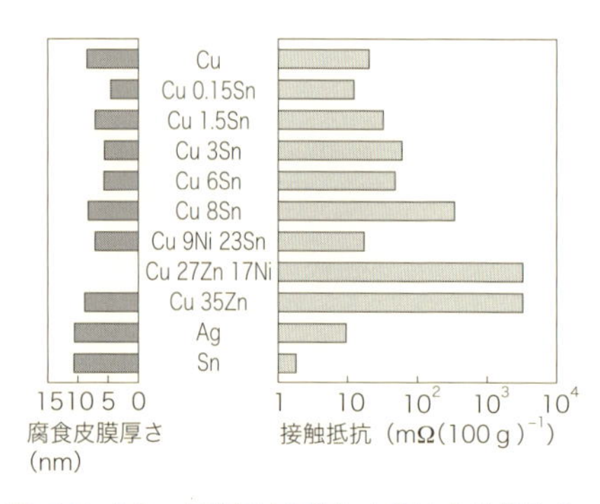

図 6.8　18 ヵ月間屋内暴露した銅または銅合金，銅，すずの皮膜厚さと接触抵抗（100 g 負荷時の接触抵抗値）［文献 10）図 5 を改変］

Q66 **半導体素子のアルミニウム配線（1 μm）が腐食断線したので，寿命を２倍にするためにアルミニウム配線の厚さを２倍にするか，または耐食性が２倍あるアルミニウム合金に変更することにした．**

一般に電子部品の耐食性は材料そのものでなく，部品全体の構造に依存する．そして寿命は材料表面に外部からの水分が到達し腐食環境を形成するまでの時間に依存することが多い．電子部品の最大の特徴は微細構造物である点である．たとえば半導体素子上のアルミニウム配線は厚み 1 μm で，配線幅は 0.5 μm 以下で配線間のスペースは 0.1 μm 以下になっている．また配線の微細化とともに多層配線化が進んでおり，アルミニウム配線の下にはバリヤーメタル（スパッタ Ti/W や CVD-W）が敷かれている．いずれもアルミニウム配線に対しカソードとして作用する．したがって水分や腐食性物質が配線表面まで侵入し腐食環境が形成されると，ほんの数日中に，また電圧が印加されていると数秒間で溶解断線が生じることになる．したがって配線上には誘電率の高い SiN 保護膜を被覆した上で半導体素子全体をエポキシ樹脂で封入して，アルミニウム配線上に腐食環境が形成されることを防止している．

電子部品では軽微な表面だけの腐食でも基本機能に支障をきたすことがある．さらに電子部品が使用される環境も意外に厳しく腐食性が高い．したがって材料の腐食速度を数分の一にする程度では間に合わないことが多い．それよりも腐食反応そのものが生じないような構造に設計することが重要である．すなわち電子部品の腐食寿命は腐食反応の進行期間でなく，腐食反応が開始するまでの潜伏期間により決定されることを念頭において構造を設計し，製作プロセスを検討すべきといえる．

【A：誤り】

H7 故障発生率のバスタブカーブ

半導体部品の故障発生率の時間的な特性を示す概念図として，バスタブカーブがよく用いられる（図 6.9）．故障率が初期に高く，中央部で低くなり，後期にまた高くなる形状がバスタブの断面に似ていることから，このようなよび名がついた．バスタブカーブは 2 種類の性質の異なる故障率曲線が合成された曲線である．初期故障は製造工程の不具合などに由来する故障である．半導体部品は微細で複雑な構造を有するため，製造工程の不具合などに起因したさまざまな欠陥や規格外れの部位を含む．回路パターンが非常に細い，絶縁層が極端に薄いといった部分では，動作時の正常なストレスによって故障に至る．このような欠陥に起因した故障は，製造工程内のスクリーニング過程で取り除かれるが，スクリーニングしきれなかったものが市場での稼動後，比較的短時間で顕在化することがある．欠陥を含む部品が故障によって取り除かれその割合が減少するので，故障率も時間の経過とともに減少する．

正常な部品もさまざまな劣化により，最終的には故障に至る．このような故障は摩耗故障とよばれる．腐食による故障もこの摩耗故障に属する．摩耗故障の特徴は，故障率が時間の経過とともに増加する点にある．

電子部品の設計に携わる者は，暗黙でこのような故障率曲線を想定しがちである．夏期にエレクトロケミカルマイグレーションによる故障が発生した事例では，気温と相対湿度が低下する秋から冬にかけて発生件数が減少した．バスタブカーブを念頭に問題が収束したと判断したため，本格的な対策が遅れた．電子部品の故障では，先入観に囚われず，十分に原因を調べて対策を考えることが重要である．

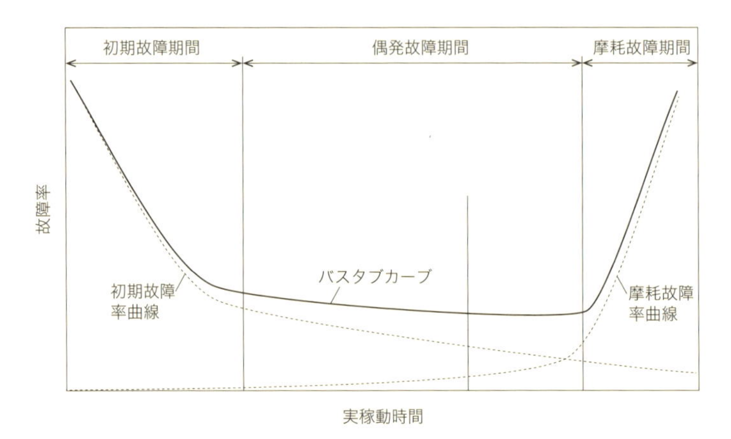

図 6.9　電子部品故障率のバスタブカーブ

参 考 文 献

1) 加来久幸，技報安川電機，**58**，pp.137-147（1994）.

2) 平本 抽，第 11 回表面技術セミナー腐食防食協会東北支部講演会合同大会テキスト，pp.49-75（1995）.

3) 橋本道憲，市村正三，井出光夫，空気調和・衛生工学，**63**，pp.185-192（1989）.

4) ANSI/ISA-S71.04，Environmental Conditions for Process Measurement and Control Systems: Airborne Contaminants（2013）.

5) 石田広幸，曽根秀昭，高木 相，電気学会論文誌 A（基礎・材料・共通部門誌），**110**，pp.505-514（1990）.

6) 遠藤一彦，松田浩一，大野弘機，材料と環境，**42**，pp.734-741（1993）.

7) 西 恭平，遠藤玲央那，酒井潤一，石川雄一，材料と環境 2011 講演集，pp.23-26（2011）.

8) 齊藤 完，西 恭平，酒井潤一，石川雄一，材料と環境 2009 講演集，pp.427-428（2009）.

9) W.H. Abbott，*Materials Performance*，**24**，pp.46-50（1985）.

10) 志賀章二，柴田宣行，須田英男，谷川 徹，岩瀬扶佐子，小山 斉，古河電工時報，**79**，p.96（1986）.

腐食劣化の基礎　7

1．空気中の水分が腐食劣化の元凶

電子機器・部品に用いられているすずやニッケルなどの金属材料の腐食は，金属が安定な金属酸化物や硫化物に戻る過程にほかならない．高温の乾燥空気中で金属は酸素と反応して金属酸化物を生成して腐食（高温腐食）するが，室温付近の温度では腐食はほとんど進行しない．一方，水分を含んだ空気中（たとえば，相対湿度70％以上）では，金属表面に薄い水膜が形成され，室温付近でも水溶液腐食と類似な電気化学機構で腐食が進行する．

2．水溶液腐食の電気化学機構

脱気した硫酸水溶液中で亜鉛は水素を発生して溶解（腐食）する．図7.1に示されるように亜鉛の腐食反応は，次の二つの電気化学反応からなる．

$$Zn \rightarrow Zn^{2+} + 2\,e^- \tag{7.1}$$

$$2\,H^+ + 2\,e^- \longrightarrow H_2 \tag{7.2}$$

全反応は，

$$Zn + 2\,H^+ \longrightarrow Zn^{2+} + H_2 \tag{7.3}$$

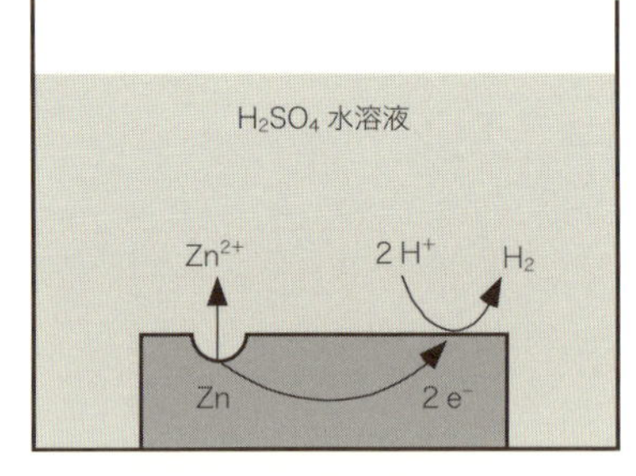

図 7.1　脱気した硫酸水溶液中における亜鉛の腐食反応

式(7.1)の反応はZnがZn^{2+}に酸化溶解する反応であり，アノード溶解反応とよばれる．一般に酸化により電子を放出する反応はアノード反応とよばれる．一方，式(7.2)の反応は電子を受け取る還元反応であり，カソード反応とよばれる．亜鉛の腐食が自発的に進行すると，アノードサイトで生成した電子がカソードサイトへ移動して消費されることになり，電流[*1]がカソードサイトからアノードサイトに流れる局部電池が形成される．このように金属の腐食反応は電気化学機構（局部電池機構）で進行する．

3．腐食反応の電位-電流曲線

図7.2は脱気した硫酸水溶液中における亜鉛の腐食反応の電位-電流曲線の模式図である．電流は溶液に浸せきした試料の表面積に依存するため，作用極（試験電極）に流れた電流Iを表面積Sで割った電流密度$i = I/S$で表す．水素発生反応の平衡電位E_Hは，H^+がH_2に還元される速度（カソード電流密度i_c）[*2]とH_2がH^+に酸化され

＊1　電流の流れる方向は正電荷の流れる方向と定義されるため，電子（負電荷）の流れる方向と逆になる．

る速度（アノード電流密度 i_a）*2 が等しくなる電位である．また，亜鉛の平衡電位 E_{Zn} は，Zn^{2+} が Zn に還元される速度（カソード電流密度 i_c）と Zn が Zn^{2+} としてアノード溶解する速度（アノード電流密度 i_a）が等しくなる電位である．平衡電位において，アノード電流密度 i_a とカソード電流密度 i_c が等しくなる電流密度は交換電流密度 i_0 とよばれる．

脱気した硫酸水溶液中における亜鉛の腐食反応は，式(7.2) の H^+ が H_2 に還元される速度（カソード電流密度 i_c）と式(7.1) の Zn が Zn^{2+} としてアノード溶解する速度（アノード電流密度 i_a）が等しくなる電位すなわち腐食電位 E_{corr} で起こる．腐食電位 E_{corr} における腐食電流密度 i_{corr} は $i_{corr} = i_a = i_c$ である．腐食電位 E_{corr} は，異なる二つの反応（複合反応）のカソード反応速度とアノード反応速度が等しくなる電位であり，混成電位とよばれ，平衡電位とは本質的に異なる．図 7.2 で亜鉛の腐食電位 E_{corr} は，水素発生反応の平衡電位 E_H と亜鉛の平衡電位 E_{Zn} の中間に位置する．

図 7.3 は空気開放下の中性水溶液中における亜鉛腐食反応の電位-電流曲線の模式図である．空気

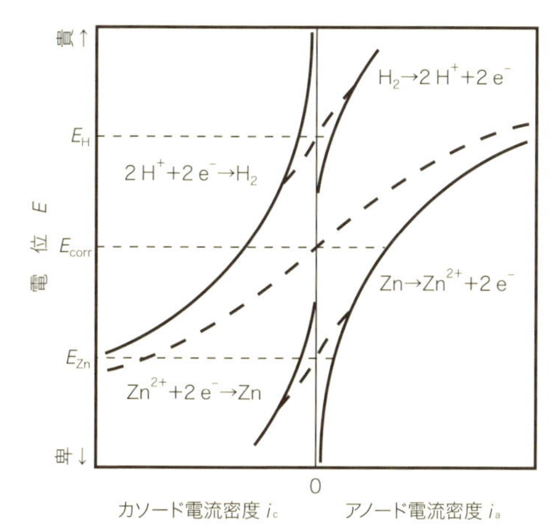

図 7.2　脱気した硫酸水溶液中における亜鉛の腐食反応の電位-電流曲線

E_{corr}：亜鉛の腐食電位

$E_{Zn^{2+}/Zn}$：亜鉛（$Zn \to Zn^{2+} + 2e^-$）の平衡電位

E_H：水素発生反応（$2H^+ + 2e^- \to H_2$）の平衡電位

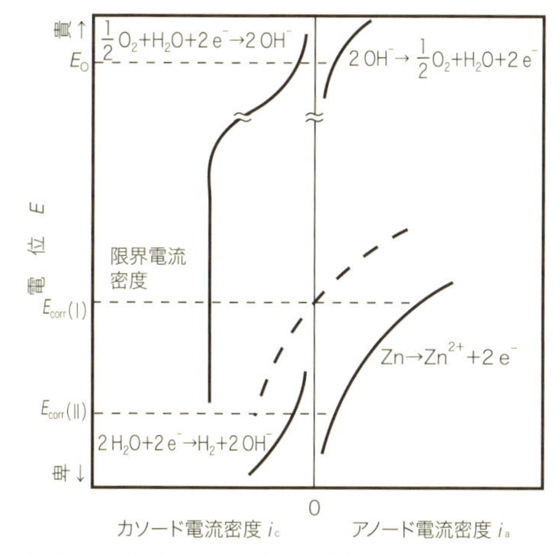

図 7.3　空気開放下の中性水溶液中における亜鉛の腐食反応の電位-電流曲線

E_{corr}(I)：空気開放下の中性水溶液中の亜鉛の腐食電位

E_{corr}(II)：脱気した中性水溶液における亜鉛の腐食電位

E_{Zn}：亜鉛（$Zn \to Zn^{2+} + 2e^-$）の平衡電位

E_H：水素発生反応（$2H^+ + 2e^- \to H_2$）の平衡電位

---

*2　電気化学反応速度 v と電流密度 i の関係

v（mol cm^{-2} s^{-1}）と i（A cm^{-2}）の間には，Faraday の法則により次式が成立する．

$$v = i/(nF) \tag{7.4}$$

ここで，n は反応に関与する電子の数，F は Faraday 定数（96 485 C mol^{-1}）である．

開放下の中性水溶液中における亜鉛の腐食は，溶存酸素の還元反応（$1/2\ O_2 + H_2O + 2\ e^- \rightarrow 2\ OH^-$）速度と亜鉛のアノード溶解反応（$Zn \rightarrow Zn^{2+} + 2\ e^-$）速度が等しくなる腐食電位 E_{corr}（I）で進行する．酸素発生反応の平衡電位 E_O（$1/2\ O_2 + H_2O + 2\ e^- \rightleftarrows 2\ OH^-$）は水素発生反応の平衡電位 E_H（$2\ H^+ + 2\ e^- \rightleftarrows H_2$）より 1.23 V 貴である．水溶液中の溶存酸素濃度（25℃で約 8 ppm）は低いため，亜鉛のアノード溶解反応とカップルする溶存酸素の還元反応は酸素の溶液沖合から腐食表面への拡散が律速となり，酸素の還元電流密度 i_c は電位に依存せず一定となる．このときの電流密度は拡散限界電流密度 i_L とよばれる．図 7.3 で亜鉛の腐食反応は溶存酸素の還元反応によって支配される．一方，脱気した中性水溶液中の亜鉛の腐食は，腐食電位 E_{corr}（II）において水の還元による水素発生反応（$2\ H_2O + 2\ e^- \rightarrow H_2 + 2\ OH^-$）と亜鉛のアノード溶解反応がカップルして進行する．

4. 分極と定電位分極曲線

図 7.4 のような測定装置を用いると，作用極の電位 E を腐食電位 E_{corr} よりも貴な方向および卑な方向に変化させ，作用極と対極（白金）間に流れる外部電流密度 i を作用極の電位 E の関数として求めることができる．ポテンショスタット（分極装置）とは作用極の電位 E を制御して電解し，外部電流密度 i を測定する装置である．作用極の電位 E を腐食電位 E_{corr} あるいは平衡電位 E_{eq} からずらすことを分極といい，E と E_{corr} あるいは E_{eq} との差を過電圧 $\eta = E - E_{corr}$（あるいは E_{eq}）という．ポテンショスタットを用いると E *vs.* i 曲線すなわち定電位分極曲線を測定することができる．脱気した酸性水溶液に浸せきした金属の電位 E を腐食電位 E_{corr} よりも貴にすると，金属のアノード溶解反応が水素発生反応より優勢になり（$i_a > i_c$），外部回路に流れる正味の電流密度 i は $i = i_a - i_c > 0$ となる．一方，作用極の電位 E を腐食電位 E_{corr} よりも卑にすると，水素発生反応が金属のアノード溶解反応より優勢になり（$i_c > i_a$），外部回路に流れる正味の電流密度 i は $i = i_a - i_c < 0$ となる．$E > E_{corr}$ をアノード分極，$E < E_{corr}$ をカソード分極といい，アノード分極では，$\eta > 0$，カソード分極では，$\eta < 0$ である．アノード電流密度 i_a およびカソード電流密度 i_c は｜η｜の増加とともに指

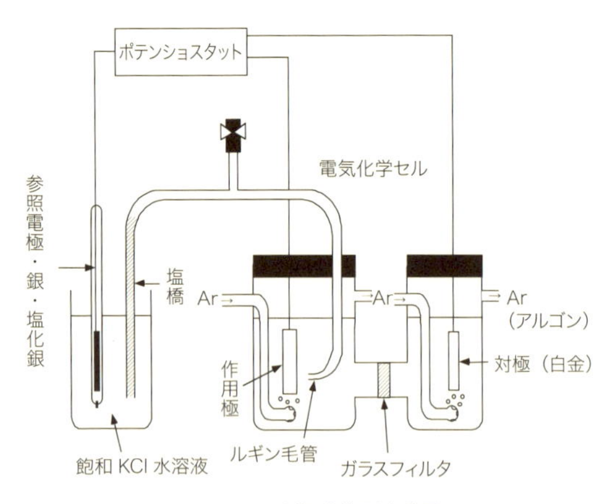

図 7.4 分極曲線測定装置

数関数的に増加する．

図 7.5[1] は脱気した 1 mol L^{-1} 硫酸水溶液中におけるニッケルの定電位分極曲線である．なお，縦軸の電位 E_{SHE} は標準水素電極（standard hydrogen electrode：SHE）を基準として測定した電位である．腐食電位 E_{corr} よりもニッケルの電位を卑にすると水素発生反応が優勢になり，外部回路をカソード電流が流れる．腐食電位 E_{corr} よりもニッケルの電位を貴にするとニッケルのアノード溶解反応（$Ni \rightarrow Ni^{2+} + 2e^{-}$）が優勢になり外部回路をアノード電流が流れる．さらに電位を貴にするとアノード電流密度 i_a の対数と電位 E との間に直線関係が成立する領域が現れる．電流密度 i の対数と電位 E との間の直線関係は Tafel の関係とよばれ，この直線を E_{corr} に外挿することにより i_{corr} を求めることができる．金属がアノード溶解する状態は活性態という．しかし，さらに電位を貴にするとアノード電流密度 i_a が急激に減少する領域が現れる．この領域では，ニッケルの表面に形成される 1 〜 2 nm の非常に薄くてち密な酸化物皮膜（NiO）のバリヤー的性質により，ニッケルのアノード溶解反応は著しく抑制される．このように金属が金属イオンとして安定に存在する領域にあるにもかかわらず，表面にち密な酸化物皮膜が生成することによりアノード電流密度が急激に減少する状態を不働態という．また，表面に生成するち密な酸化物皮膜は不働態皮膜とよばれる．不働態電位領域よりさらに電位を貴にすると，アノード電流密度は再び増加し，ピークが現れる．この状態は過不働態とよばれ，ニッケル表面に高級酸化物（NiOOH）の生成と Ni^{2+} の溶解を伴う．過不働態領域よりさらに電位を貴にすると，水の電気分解による酸素発生が起こる．Al，Fe，Ti，Ni，Co などの金属では不働態領域を有する．

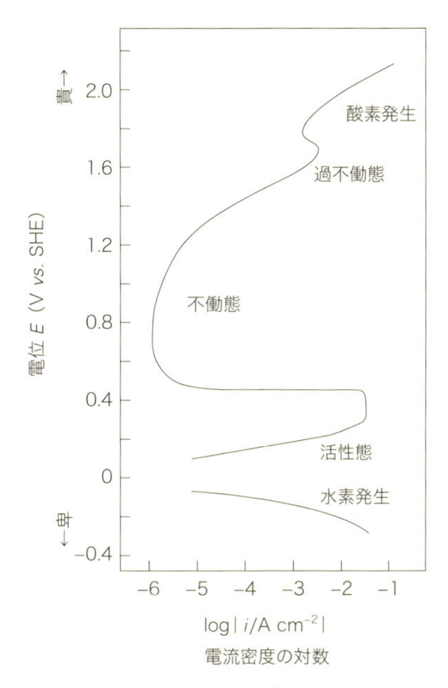

図 7.5 脱気した 1 mol L^{-1} 硫酸水溶液中におけるニッケルの定電位分極曲線［文献 1）p.517 図 21 を改変］

Q67 電子部品の腐食は大気腐食に分類され，金属と大気中の酸素や腐食性ガスが直接反応する一種のガス腐食であり，水溶液腐食のような電気化学的現象ではない．

金属とガスが直接反応するガス腐食（乾食）の反応速度は室温では極めて遅い．したがって，吸着水あるいは結露などによる水膜が金属材料表面に形成されなければ大気腐食は進行しない．図 7.6 は水膜下での金属 M と酸素との腐食反応を模式的に表した図である．酸化剤となる大気中の酸素は，大気/水膜界面で溶解し，水膜中を拡散し，金属表面で還元される．一方，金属/水膜界面では，金属 M が金属イオン M^{2+} に酸化され水膜中へ溶出し，水酸化物あるいは酸化物皮膜を形成する．すなわち，大気腐食は水溶液腐食と同様に，金属材料の酸化反応（アノード反応）と環境中の酸化剤の還元反応（カソード反応）の組合せからなる電気化学的現象である．

図 7.7[2)] は水晶振動微量天秤（quartz crystal microbalance：QCM）法により測定した湿度と銀表面への吸着水分量の関係を示す[2)]．吸着水分量は相対湿度 90％以上で急激に増加する．また，吸着（湿度増加方向）と脱離（湿度減少方向）が可逆的に進行することがわかる．さらに，吸着水分量の増加に伴い腐食量が増加することも QCM 法により示されている．すなわち，電子部品の腐食の進行には表面の水膜（あるいは吸着水）が重要な役割を果たしている．

【A：誤り】

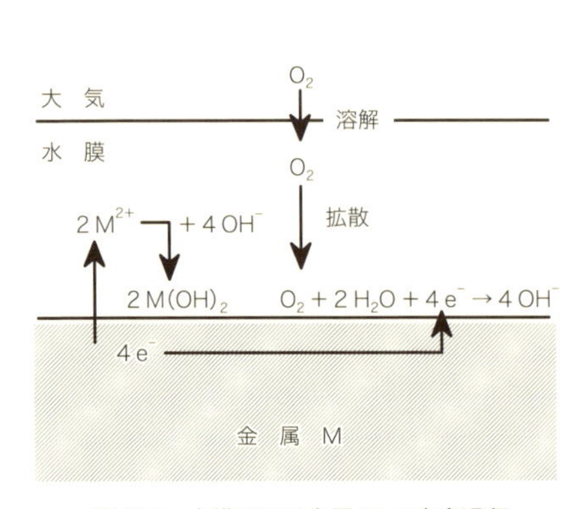

図 7.6　水膜下での金属 M の腐食過程

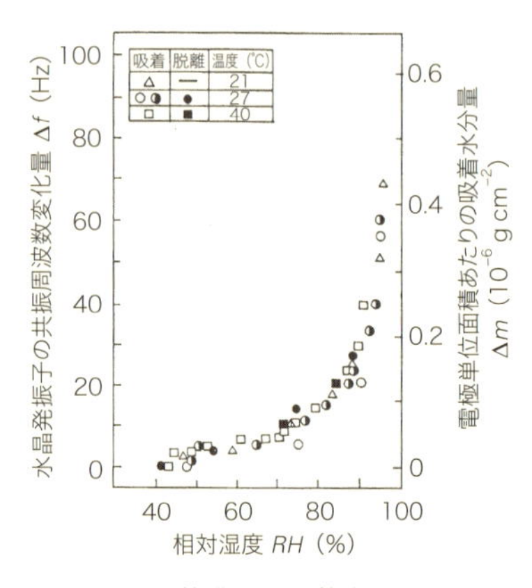

図 7.7　銀蒸着膜への吸着水分量［文献 2) p.701］

Q68 大気腐食は水膜下で進行する現象である．水膜厚さは環境条件により変化するが，大気腐食速度と水膜厚さの関係を表す記述として正しいものを選べ．

（1）水膜厚さに比例して腐食速度が大きくなる．

（2）水膜厚さが，ある厚さに達したときに腐食速度は最大となる．

水膜厚さと大気腐食速度の関係を図 7.8 に示す．水膜厚さの観点から 4 領域に分けられる．

領域Ⅰ（< 10 nm）：吸着水下で腐食が進行し，その速度は極めて小さい．

領域Ⅱ（<数十 μm）：吸着水量の増加により腐食速度が増加する．

領域Ⅲ（< 1 mm）：水膜厚さの増加により腐食速度が減少する．

領域Ⅳ（> 1 mm）：水溶液中と同程度の腐食速度をとる．

電子部品が使われる屋内環境は領域ⅠおよびⅡと考えられる．一方，屋外大気環境では，降雨のため，しばしば領域ⅢやⅣとなる．また，海浜地区では，降雨だけでなく飛来海塩粒子の付着のため，高湿度のときには領域Ⅲになることもある．

ある水膜厚さで大気腐食速度が最大値をとる理由は図 7.9 により説明される．すなわち，腐食のカソード反応である酸素の還元反応は，水膜中を酸素が拡散する過程が律速するため，水膜の厚さが薄くなるにつれて速くなる．ただし，数十 μm より薄くなると律速段階が大気/水膜界面での酸素の溶解過程になるため，明確な水膜厚さ依存を示さなくなる[3]．一方，アノード反応である金属の溶解反応は，水膜が極端に薄くなると腐食生成物の水膜中への溶解量が制限されるため遅くなる．アノード反応とカソード反応により決定される腐食速度は両者の反応速度の水膜厚さ依存性が相反するため最大値をとる．

腐食速度が最大となる水膜厚さに関しては，1950 年代に Tomashov により 1 μm 程度と報告されたが[3]，近年薄膜水下での大気腐食の研究が進み，最大値を示す水膜厚さは数十 μm 程度であると報告されている[4, 5]．ただし，ステンレス鋼のような不働態化する金属は，領域Ⅲ，Ⅳは一定速度をとり，領域Ⅱに入ると腐食速度が急激に減少する[4]．

【A：(2)】

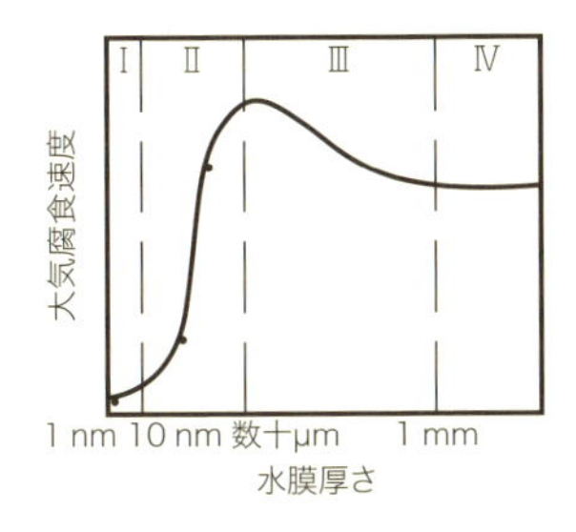

図 7.8 水膜厚さと大気腐食速度の関係

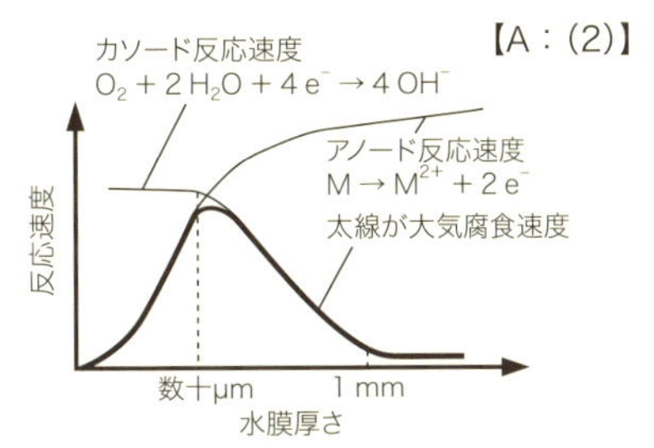

図 7.9 アノードとカソード反応速度の水膜厚さ依存性と大気腐食速度

Q69 金属 M とその金属イオン M^{z+} から構成される電気化学反応（$M^{z+} + z e^- \rightleftarrows M$）の標準電極電位が貴なほど，金属のイオン化傾向は低くなる．一方，上記電気化学反応系の電子エネルギーレベルが高いほど，金属のイオン化傾向は高くなる．

図 7.10 は水溶液中における各種金属，酸素および水素について，標準電極電位の序列を示したものである．なお，$E°$ は電気化学反応（電極反応）に関与する物質の活量*1 が 1 のとき，標準水素電極*2 を基準にして測定した電位（標準電極電位）である．イオン化傾向は電気化学反応系の電子エネルギーレベルに対応し，イオン化傾向が大きいほど，電子エネルギーレベルは高くなる．一方，標準電極電位は，イオン化傾向や電子エネルギーレベルとは逆の関係にあり，電極電位が貴なほど，イオン化傾向と電子エネルギーレベルはともに低くなる．

【A：正しい】

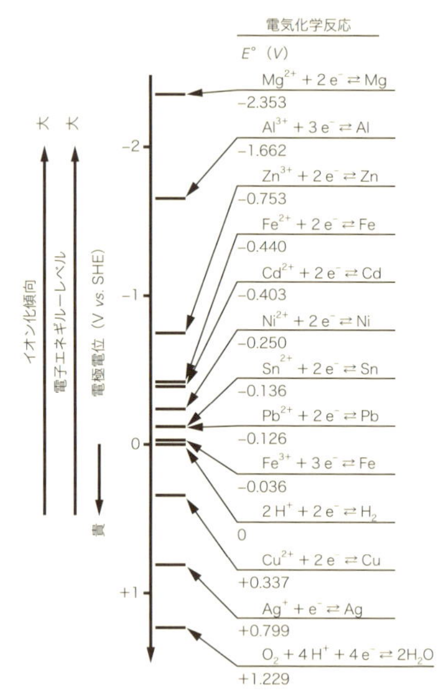

図 7.10　各種金属，酸素および水素の標準電極電位，イオン化傾向，電子エネルギーレベルの序列

---

*1　電解質水溶液中で，極性水分子と電解質イオンが静電的な相互作用の場に置かれているため，電解質は濃度と同様の働きをすることができず，濃度の代わりに活量を用いて，電解質の働きを表す．活量 a は次のように定義される．

$a = \gamma m$　あるいは $a = \gamma c$

ここで，γ は活量係数，m は質量モル濃度（$mol\ kg^{-1}$），c は容積モル濃度（$mol\ dm^{-3}$）である．

*2　活量 1 の塩酸中に白金黒を挿入し，1 気圧の水素ガスをバブルさせた電極で，白金黒上で，水素電極反応（$2\,H^+ + 2\,e^- = H_2$）が可逆的に起きている．この電極の電位を基準（零）として測定された電極電位は標準水素電極（SHE）として表示される．

Q70 電位-pH 図は，電子部品に使われている金属材料の腐食速度を推定する方法として有効である．

電位 - pH 図（プルーベダイアグラム（Pourbaix-diagram）ともよぶ）は，金属の安定状態（金属，金属イオン，金属酸化物など）と水の安定領域を書き込んだ図であり，ある電位と pH 条件下において金属材料が腐食するか否かを平衡論から判断することができる．しかし，この図から金属の腐食反応速度に関する情報を得ることはできない．電子部品の腐食の平衡論的な検討の場合，測定できる程度の厚さの水膜下での腐食が対象となる．以下に電位 - pH 図の読み方について簡単に説明する．

図 7.11 は銅，図 7.12 はニッケルの 25℃での電位 - pH 図である．灰色に塗りつぶされた領域が各金属の腐食領域を表している．酸化物あるいは水酸化物が安定な領域は不働態領域とよばれ，もしち密で保護性の高い皮膜が形成されれば腐食の進行速度は極めて遅くなるが，多孔質な皮膜であれば腐食の進行速度は速くなる．このように金属の電極電位と環境の pH を測定すれば，その環境中での金属の安定状態を電位 - pH 図から知ることができる．ただし，腐食は材料側の安定状態を知るだけでは不十分であり，環境側の酸化剤についての情報も必要である．各図中の線(a) は H_2 が 1 気圧のときの水素電極反応（$2\,H^+ + 2\,e^- \rightleftarrows H_2$）の平衡ライン，線(b) は O_2 が 1 気圧のときの酸素電極反応（$O_2 + 2\,H_2O + 4\,e^- \rightleftarrows 4\,OH^-$）の平衡ラインを表している．また線(a) と線(b) で囲まれた領域が水の安定領域である．線(a) より下の領域では水素電極反応が還元方向に進行し，H^+が酸化剤として働く．図 7.11 の銅の場合，線(a) より下に銅の腐食領域は存在しないため銅は H^+により酸化されないことが読み取れる．図 7.12 のニッケルの場合は pH が 7 より低い環境では H^+により酸化される可能性があるが，pH が 7 より高い環境では H^+と反応しないことがわかる．線(b) より下の領域では O_2 が酸化剤として働くことから，これらの金属はすべての pH 域において酸素と反応し腐食することになる

．

【A：誤り】

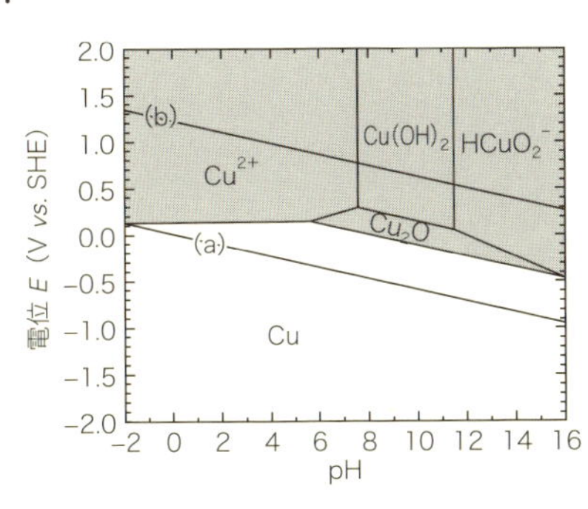

図 7.11　銅の電位 - pH 図（25℃）

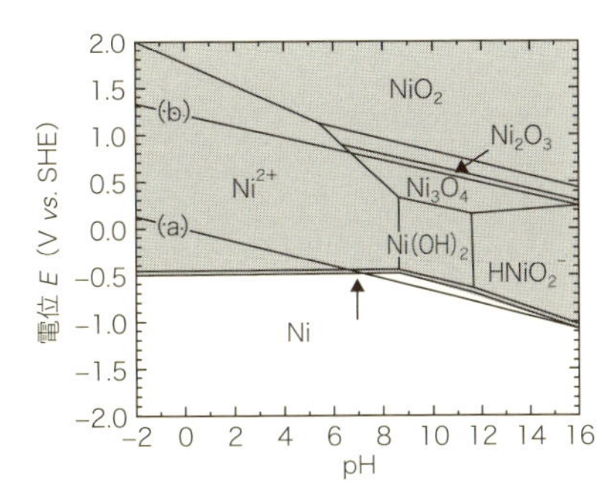

図 7.12　ニッケルの電位 - pH 図（25℃）

（ただし，各イオン種の濃度を 10^{-6} mol L^{-1}，酸素，水素の分圧を 1 atm として描いてある．）

Q71 二電極間に連続した水膜が存在し，両電極間に直流電圧 V_0 がかかっている場合，カチオンはカソードにアニオンはアノードに電気泳動により移動し，このプロセスにおいて，電圧 V_0 はこれらのイオンを移動させるための駆動力としてすべて使われる．

電圧 V_0 は，水膜中のイオンの電気泳動の駆動力として使われるだけでなく，両電極表面で起きる電気化学反応の駆動力としても使われる．溶液はイオン伝導体であり金属は電子伝導体である．したがって両電極間に溶液を通して電流が流れるためには，異なる伝導機構をもつ両相の界面において電荷の橋渡しをする電気化学反応が起こらなければならない．すなわち両電極間にかかっている電圧 V_0 は，図 7.13 に示すように，① 電極（アノード）/ 水膜界面（V_A），② 水膜（V_{EL}），③ 電極（カソード）/ 水膜界面（V_C）に分配される．V_A，V_C は，アノードとカソードの電気二重層にかかる電圧である．電気二重層は，金属と溶液が接触した場合，静電的に両相中の電荷が引きつけあうことにより生じる一種のコンデンサである．図 7.14 に示すように，電気二重層はヘルムホルツ層（Helmholtz layer，約 0.6 nm）と拡散二重層（diffuse layer）からなる．ここで両界面の電気二重層にかかる電圧 V_A，V_C のうちヘルムホルツ層にかかる電圧 $V_{A(H)}$，$V_{C(H)}$ だけが電気化学反応の駆動力となる．

両電極が銀の場合には，アノードでは Ag の溶解反応（$Ag \rightarrow Ag^+ + e^-$）が起き，$V_{A(H)}$ はこの電気化学反応の駆動力となる．一方，カソードでは，酸素の還元（$O_2 + 2\,H_2O + 4\,e^- \rightarrow 4\,OH^-$）が起き，$V_{C(H)}$ がこの反応の駆動力となる．電子部品のように両電極が近接している場合には，エレクトロケミカルマイグレーションにより両電極が短絡することがある．これは，アノードで溶解した Ag^+ が水膜中の電場 V_{EL} を駆動力として電気泳動によりカソードに運ばれ，駆動力 $V_{C(H)}$ によりカソードに析出（$Ag^+ + e^- \rightarrow Ag$）し，樹枝状にアノードに向かって成長して最終的に両電極が短絡する現象として説明されている（Q34 ～ Q37）．また異なる金属電極間では，両金属の電極電位差を駆動力として，ガルバニック腐食が進行する（Q7）．

【A：誤り】

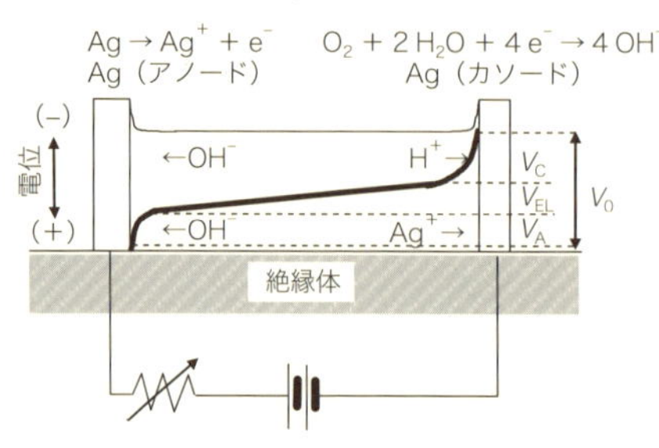

図 7.13　銀電極間に電圧 V_0 を印加したときの電圧の分布

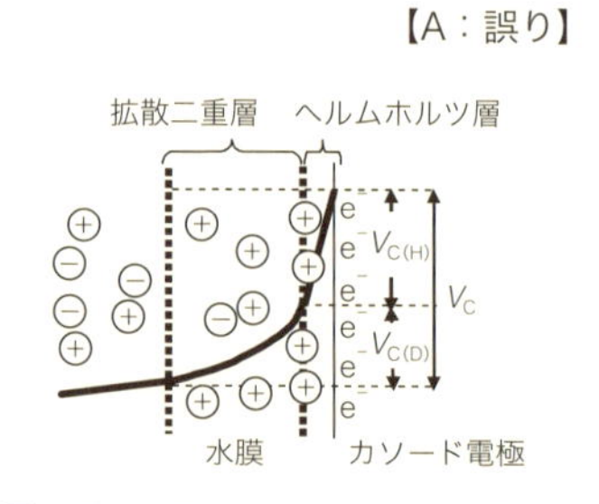

図 7.14　図 7.13 のカソード界面の電気二重層の構造と印加電圧の分布

参 考 文 献

1）岡本 剛，日本金属学会会報，1，pp.505-519（1962）.
2）瀬尾眞浩，石川雄一，本田 卓，防食技術，**39**，pp.697-708（1990）.
3）N.D. Tomashov，*Corrosion*，**20**，pp.7t-13t（1964）.
4）A. Nishikata，Y. Ichihara，Y. Hayashi and T. Tsuru，*J. Electro. Chem.*，**144**，pp.1244-1252（1997）.
5）M. Stratmann，H. Streckel，K.T. Kim and S. Crockett，*Corros. Sci.*，**30**，pp.715-734（1990）.

索　引

あ

か

さ

た

な

は

ま

や

ら

電子機器部品の腐食・防食Q＆A 第2版

令和元年8月30日　発　行

編　者　公益社団法人 腐食防食学会

発行者　池　田　和　博

発行所　丸善出版株式会社
〒101-0051 東京都千代田区神田神保町二丁目17番
編 集：電 話(03)3512-3266／FAX(03)3512-3272
営 業：電 話(03)3512-3256／FAX(03)3512-3270
https://www.maruzen-publishing.co.jp

組版印刷・株式会社 日本制作センター／製本・株式会社 星共社

ISBN 978-4-621-30406-8　C 3057　Printed in Japan